工廠品質管理SOP

實戰！

王祥全［著］

目錄

前言

本人我已經從事品保相關工作已經有25年的經歷了，最初開始在 Xerox 公司品保部負責產品驗證的工作，也因爲是日系公司，故當時學習到了日本公司是如何去驗證一個產品設計品質的好壞的驗證模式，以確保產品設計的可靠度以避免產品出貨市場後發生可靠度品質問題，接著偶然的得到機會進入了一家知名的電腦公司，因爲新廠剛成立所以就運用自己學習到的產品驗證技術協助其從無到有地建立了 NB，光碟機，桌上型電腦……等產品的驗證系統，並也協助其建立及管理生產線終檢系統及成品出貨檢驗系統，對於這個構建新產品檢驗系統的經驗，現在想起來還眞是一個可遇不可求的非常難得的經驗。

後續也曾到過 PC POWER SUPPLY 和 SERVER POWER SUPPLY 和 MFP （Multiform Function Print）

PRINT 設計製造公司及擔任其品保主管，因而接觸到更廣泛的品保工作領域，如入料檢驗系統管理，及供應商品質管理，ISO 品質系統建立……等，故對於整個品保系統不敢說是經驗老道，但不過也是經歷得透透徹徹了，也處理過不同大大小小的相關品質問題的處理及客戶抱怨處理、供應商輔導監察、客戶監察……等。

所以說做了那麼久的品保之後，現在回想起來當初剛出社會時上了 CQT（品質技術師）的課也順利考過合格證照，但進了公司從事了品保這個領域之後，對於如何做產品品質管理，從哪開始下手？還是要靠主管或資深前輩的傳授指點或是靠自己遇到的經驗，將其一點一滴地累積成自己的經驗，無法一次性的瞭解整個品質管理的面貌是如何？沒有一個可固定依循的作業標準，甚至看了公司 ISO 文件中也只有定義品保的工作內容及職掌而已，並且我也試著找市面上有關品保或品管的書籍，都沒有針對工廠品質管理的品保工作如何展開的詳細 SOP，只有發現很多有關品質管理的工具書籍，但是都是在講理論的不良率如何計算？CPK 如何計算？抽樣檢驗計畫如何制定？……等，這些都是用來準備要考 CQT（品質技術師）&CQE（品質工程師）用的，對於一個剛進入品保領域的新鮮人的實際工作展開及執行方法的這部分是幫助不夠的，而且如果要等到了解品質管理的全貌的話，從事品保工作算起的話可能也最短時間至少也少 2 年。

因此關於工廠實際的品質管理經驗及相關問題，我想如果市面上有這類的書籍的話應該可以幫助剛入社會從事品保相關工作的新鮮人或是從別的領域調入從事品保的人有些實際案例參考並有個方向遵循好快速進入品保工作狀況。

說實在的從事品保至今那麼久了，也管理過很多人，也監察及管理過很多廠商，也陪過客戶監察工廠，我想過如何將這些經歷毫不保留的留傳給目前及未來從事品保的年輕人呢？品保是公司中的一個重要的環節，對於產品的品質好壞有重大關鍵性的影響，公司產品的獲利及訂單量及客戶印象分數，競爭性……等都會影響到，所以要幫公司做好品保工作是非常重要的一件事，身爲品保不能等著問題發生或發現到問題後才去解決，這樣的品保只是救火員的品保，即累又風險高不知道甚麼時候會發生問題而看天吃飯，這樣的話哪天會被老闆請回家都不知道不是嗎？

所以我們要學習如何做一個好的品保必須能夠預知問題的發生，再而預防問題再發生或擴大，如要做到這個境界就必須做好工廠品質管理，至於如何做好一個工廠或廠商的品質管理呢？這就是我想要分享給各位的經驗，而這個經驗或許有些是我個人主觀意志成分較多，或許與各位實際上面臨的有些小差異，但是基於品質管理手法大同小異，只要依照大原則去融會貫通去運用的話，一些枝節上的差異其實應該是可以克服的。

話說工廠品質管理之前，我想大家應該知道一個產品不可能獨自產生或是從天上掉下來的，其任何產品的產生一定是由一些人運用一些物料及設備和工具在一個環境中被製造生產出來的，故可從此而得知，會直接對生產產品品質有影響的因素也就是當一個產品在生產製造過程中所經歷的一些因素，不外乎如前所提的人、設備工具、材料、方法、環境，大概這五大類主要因素（如果設計因素除外），所以如何管理及控制好這五大類的品質影響因素與呈現出的產品品質成果當然也就是是成對比的。

並且此五大因素的複雜難易度也會隨著產品的大小及複雜度及生產工廠規模體制不同而異，例如說產品的零件越多，供應商也會越多，而工廠的生產工序也會越多，作業人員也會越多，所以管理的 Loading 也會變大變複雜一些，相對的如果產品小又零件少的話其生產複雜度較簡單一些，而其五大類的因素也會因此變得比較單純些，所需花費的管理 Loading 也會比較輕。但是有些比較小而精密的產品，如半導體類，LCD/LCM……等，其核心製程因爲靠人的作業無法達到其製程所要求的精密度及精確度，所以幾乎都是仰賴全自動的精密設備來生產產品，而人只是操作調整參數來達成生產品質，像這種大部分都是自動機器設備在生產的品質比靠人生產的品質來的穩定多且易於管理，只要掌握住最佳的製程條件及參數就可達到低不良率的品質，此種成熟的製程的不良率大多都在幾百 ppm 以下而已，甚至有些製成可達 6 sigma。

藉由上述已經幫各位將工廠品質管制的五大要素給點明出來了，至於接下來如何來管理這五大要素，這就是我要說明給各位的「工廠品質管理 SOP」，首先我將工廠品質管理分成兩大部分一爲**生產品質資料管理監察**， **二爲現場品質管理監察。**

生產資料管理其主要目的是著重於品質日常管理及品

質制度落實與否的初步確認.我將其舉例說的白話一點，例如當醫生在看診病人時的觀診，首先藉由病人的外觀表象及脈象了解病人的身體狀況，再問病人病痛的感覺，然而綜合診斷出病因，這就是所謂的「望、聞、問、切」中醫診斷方法，而品質管理的方法也與其有異曲同工之妙，其首要也是要先藉由從工廠或廠商所獲得的品質資料來先做診斷分析其品質水準是有否異常或是其內部品質管制系統是否已經開始出問題……等，皆可從產品的品質數據分析而得知的。且工廠生產品質資料管理監察的執行可不限於管理者所在之場地，管理者對於遠在大陸或越南或其他國外地區的工廠或廠商皆可運用此管理方式，最主要的是要事先能夠將資料的管道建立完整，獲得資料確認完後如有問題可再透過現在很方便的 Skype or QQ or 視訊會議……等方法，隨時可與工廠/廠商確認及討論問題，所以品質管理來說距離不是問題。

另一關於現場監察管理則是著重於現場運作及操作者是否皆有依照規定執行的檢查，一般來說如果是本身已經是身位職於工廠中的品質管理者身分的話，也可以依照你所管理的部分再依據現場監察管理項目做日常確認，平常做好管理監督，生產品質狀況掌握度高，日後如果有客戶要來監察的話也比較好對應。另外或許你是剛進入社會才投入品保這工作的，所以一開始你不是品保主管，也許你是一位 IQC or OQC or IPQC Leader，或許工作上不會接觸到現場監察的所有項目，不過沒有關係，也不要因此而放棄了解它，因爲這是一個可以深入了解品保的機會，所有品保工作的手法及應用大致上都是相通的，你還是可以先了解其內容，因爲對於這些監察項目的了解是身爲品保主管或幹部所需要基本具備的，待後續你有朝一日有機會成爲品保幹部或主管時，屆時就能水到渠成了。

現場監察管理也會被品質管理者及供應商品質管理者用來做年度定期稽核的一個手段，因爲當你沒有每日身處於工廠時或要對供應商做品質管理時，爲了確保工廠的生產品質水準必須對工廠及廠商做定期稽核以及現場確認其管理及制度的落實度佳或是鬆散，作爲對工廠或廠商品質輔導的改善之依據。

前面已經向各位大致介紹品質管理的概念，但在尚未進入品質管理細部項目之前，就我的經歷還要再向各位說明很重要及決定性的一點，工廠及廠商的品質管理除了品保人員有計畫的，及落實的管理很重要以外，生產工廠最高的管理者及最高品質管理者的態度與決心也將會是影響工廠品質管理優或劣的非常重要關鍵，我看過很多間工廠和廠商，有的最高管理者的本質學能是業務出身，還有品保出身或是工程出身或是生產製造出身的，所以也看到這些的工廠管理者，也都是以自己的最擅長的領域去發揮及管理工廠，所以常導致如果不是品保出身的管理者，常常會忽略了品質管理的重要性，也因爲品質管理不是一個直接有產出的行爲，無法像生產線一樣直接有產值，所以也常常被工廠管理者認定爲資源消耗單位，如果公司有人員縮減需求時常常從品保人員開始裁減。但是工廠管理者卻忽略一個價值觀念就是所有的營業基礎及獲得利益有大部分是建立在產品良好的品質上（**減少失敗成本**）及生產的高效率上（**提升產能**）不可只著重於單方面，兩者缺一不可，但是在我的經驗中常看到有些生產工廠的品保不是那麼被上層重視，導致演變成爲整個工廠都不重視品保的一個廠文化出來，故形成員工品質意識薄弱，不守作業規定及紀律，品質水準漸漸降低，直到客訴抱怨不斷發生時才來知道檢討，才來想要推行要求員工加強品質意識，但是那時已經是爲時已晚了，皆不知道因爲一旦廠文化一形成的話，後續想要再改變一個廠的文化不是短時間或輕易可改變的。

當全廠從上到下的習慣及觀念一旦共識形成時亦即爲廠文化亦形成，就算是換一個管理者來想要改變也是非常困難的，或許必須花費很大的投注精神及一段長時間才有可能將工廠文化改變過來，我看過成功改革的案例是有但是不多。所以結論是高層管理者的品質管理的態度與決心也是工廠品質管理上非常重要的關鍵，也可以說是一個決定性的關鍵。

所以說想要將工廠的生產品質管理好的話，首先必須讓先建立員工良好的制度及習慣，而最好的方法就是推行 5S 或 6S，因爲依我見過很多工廠及廠商的經驗認爲如果一個工廠將 5S 或 6S 推行得好的話，員工的觀念及習慣自然的也會變好且守紀律，並且也會在推行相關的品質活動或教育訓練……等就會比較順暢。這也就是爲什麼很多日系公司的工廠都一定會推行 5S 或 6S 且都推行的很落實的原因，並其工廠的生產效率及品質也都優於一般沒有推行 5S 或 6S 活動的工廠，所以也有看到很多台商廠和陸商廠也都漸漸有在學習及推行 5S 和 6S，而我自己也將其 5S 和 6S 稱之爲工廠管理之基石，因爲有了強固的基石之後建造的房子才堅固穩固不容易倒。

如果以上我所說的品質觀念及條件及在你待的公司都符合俱備的話，那就恭喜妳了！品保做起來應該就不會那麼辛苦，但是如果你待的公司的觀念及條件不是那麼俱備的話，你也別氣餒，你還是可以藉由研讀這本《工廠品質管理 SOP》將品質管理的觀念及方法了解透徹後，再將此觀念推廣至你周邊的同事及你的上司能夠理解，並能夠得到他們的認同並一起對品質管理支持的話，對於日後品質管理的執行上會有一些幫助，這本 SOP 對於品質工作從事已經很久的人來說或許可能不算是那麼的需要，但對於剛從事品質工作的新人來說可以讓其非常快速的掌握到如何進行自己的品質管理規劃，也可節省公司對其的教育訓練，直接吸收別人累積的經驗爲己所用並靈活運用。

我自己做了那麼久的品保有甘也有苦啦！也常常想說作品保都是當壞人比較多，因爲每次稽核都要挑別人的問題，廠商看到你來了就認爲你又要來挑毛病了，久而久之就變成惡名昭彰了，開玩笑的啦！不過說眞的我記得我剛出社會時我的第一個品保經理就有跟我說過，作品保的要像在做醫生一樣，爲人治病爲人解決問題，這樣別人才會將問題主動告知你，如果做品保做得跟警察一樣的話，小偷看到警察就躲，不會主動告知問題並還會隱瞞問題，等問題變成嚴重時再來處理就麻煩了，故我也希望各位品保人對於問題在處理時原則不能變但是態度可以變，不要讓人以爲我們是在故意指責或挑毛病，而要讓他們認爲我們是在輔導及解決問題，不管是工廠的品質管理或是對廠商的品質管理，只要品質管理好，獲利好效率高，創造雙贏或三贏的目標才是大家共同要追求的，共同努力吧！

品質政策：不流入不良、不製造不良、不流出不良

話就不再多說了，接下來就直接進入 SOP 內容了，如果大家看了這本書之後有甚麼問題或是有甚麼案例要討論的話可以到我的 FB：

https：//www.facebook.com/groups/502482499929072/

大家可以互相分享討論，也希望藉由我的經驗可以對各位有所幫助。

1.目的

希望能夠幫助對於剛從事品保工作的朋友們或是想從事品保工作的朋友們，對於品保的工作內容及要領，藉由此 SOP 能夠有一個初步的了解及遵循方向，在日後品質管理上的運作能夠較快速的切入並順暢，縮短其工作學習曲線及適應期，能夠在最快時間內熟悉品質管理相關要領爲公司效力，使產品品質在最佳狀態及讓公司的品質失敗成本降至最低，進而提高公司獲利。

2.範圍

對於各行各業及各種產品皆可適用，本 SOP 是以最終端的系統組裝生產工廠概念製作的，故大部分管理環節皆有考量到，各位可以生產工廠的規模大小及複雜度做增減選用，其實不管工廠規模如何，其品質管理觀念及手法應用大都是相通的。

3.權責

廠商及工廠：負責按規定提供所需的品質報表及資料，及配合相關的改善要求及稽核。

採購：負責與廠商溝通說服廠商提供 QA 所要求的品質相關報表及資料。

品保：負責將收集到的品質相關資料作統計分析，品質診斷，品質改善要求，工廠及廠商製程監察，改善追蹤確認。

4.程序／步驟

4-1 生產品質資料管理監察

請先參閱下列三張圖表：

◆工廠品質資料管理監察流程圖

◆工廠現場品質管理流程圖

◆客戶市場不良處理流程

工廠品質資料管理監察流程圖

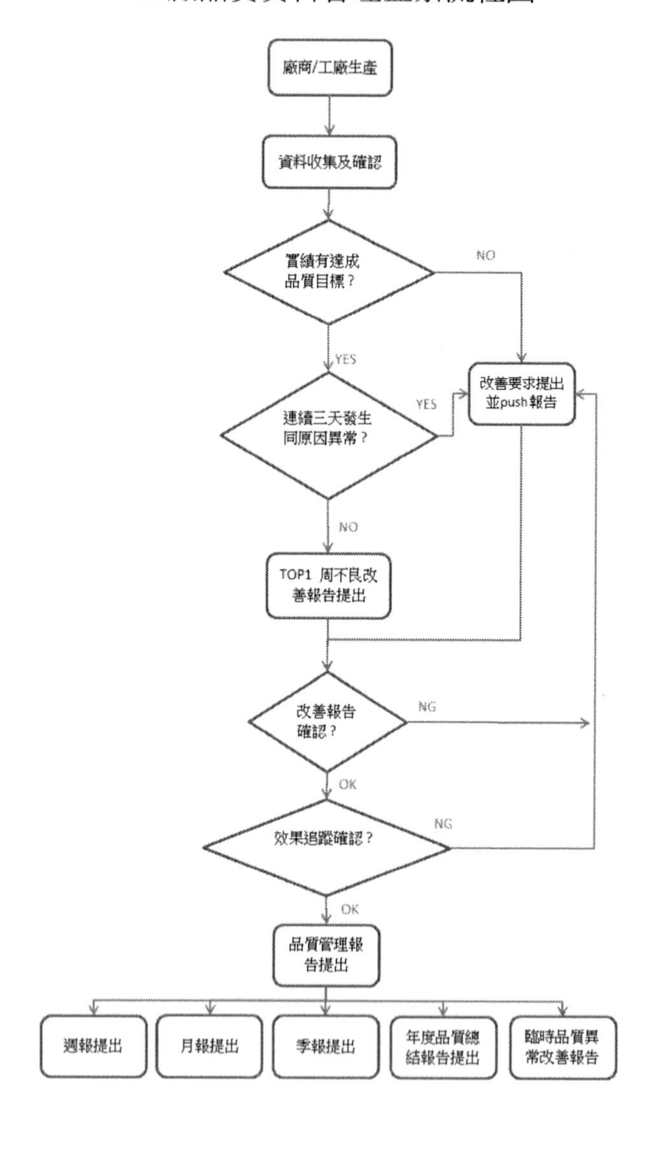

4.程序／步驟

4-1 生產品質資料管理監察

工廠現場品質管理流程圖

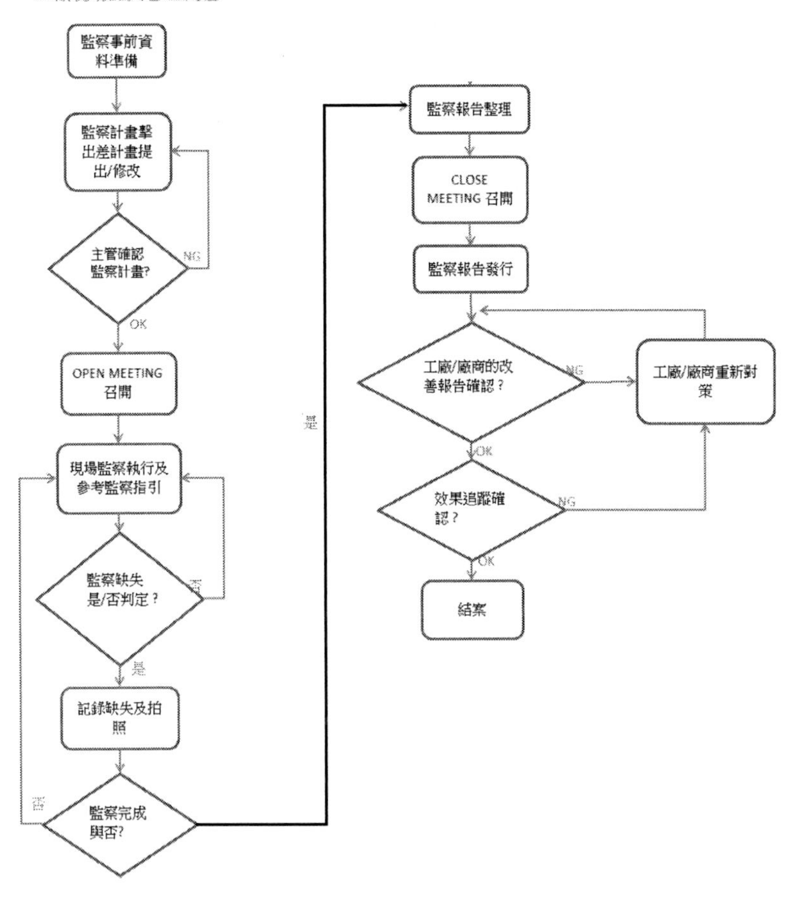

客戶市場不良處理流程圖

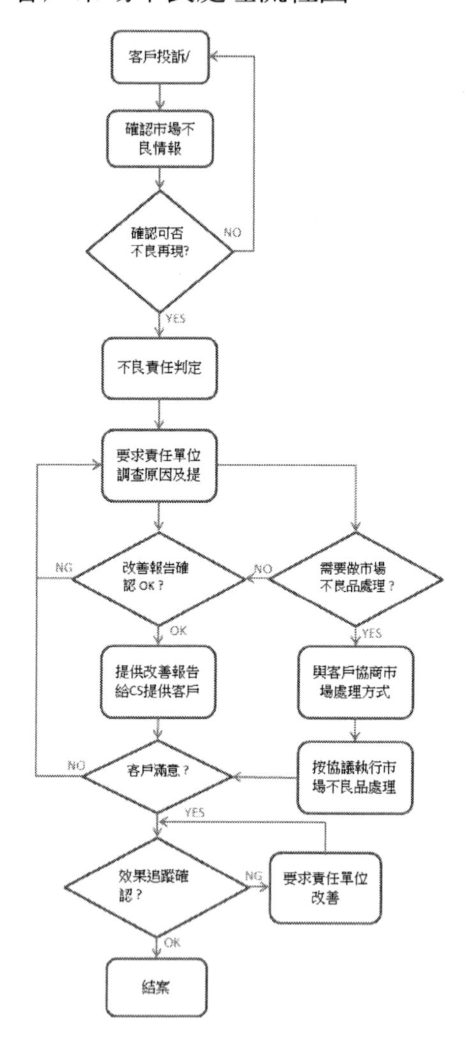

4.程序／步驟

4-1 生產品質資料管理監察

4-1-1 生產品質資料收集

4-1-1-1

與工廠與重點廠商 QA 部門一一聯絡要求定期提供以下報表及必須包含以下內容。（如下的資料種類說明）

資料種類：大致上可分爲 11 項（依工廠管理規模不同可自行增減）

資料名稱	取得頻率	取得來源	取得對象	資料內容
1.每日生產日報表	Daily	製造／QA	工廠／廠商	需含有直通率，LQC 良率，OQC 良率及維修狀況，直通率目標，QC 目標。
2.每日不良退料統計表	Daily	製造	工廠	物料料號及不良狀況及數量。
3.每周品質周報	Weekly	QA	工廠／廠商	當週生產及 QC 不良統計狀況，生產及品質目標，TOP 不良，原因，對策，不良圖片，生產推移圖。
4.品質月報	Monthly	QA	工廠／廠商	當月生產及 QC 不良統計狀況，生產及品質目標，客訴統計，TOP 不良，原因，對策，不良圖片，生產推移圖。
5.IQC 檢驗日報	Daily	IQC	工廠	物料不良率，不良狀況，不良圖片，處理狀況
6.IQC 異常處理單	Daily	IQC	工廠	廠商原因分析及預防對策及導入日期，效果確認，庫存處理。

資料名稱	取得頻率	取得來源	取得對象	資料內容
7.周 TOP 5 不良廠商統計	Daily	IQC	工廠	廠商原因分析及預防對策及導入日期，效果確認，庫存處理。
8.OQC 檢驗日報	Daily	OQC	工廠／廠商	檢驗不良率，OQC 品質目標，不良狀況/圖片，原因對策。
9.OQC 檢驗周報	weekly	OQC	工廠／廠商	OQC 品質目標，一周不良趨勢圖，TOP 5 不良，原因對策追蹤
10.客訴抱怨異常單	TBD (To Be Define)	QA	工廠／廠商	原因，預防再發對策，暫定對策，庫存處理，廠商庫存處理，效果確認
11.年度品質檢討報告	Yearly	QA	工廠／廠商	品質 KPI 達成狀況，客訴統計，KPI 未達標原因分析及對策。

4-1-1-2

收到廠商提供的資料後必須仔細確認其內容是否有滿足要求規定。

4-1-1-3

廠商有疑問時可提供範例供其參考。

4-1-1-4

如果廠商提供報表與要求不符時，必須先了解廠商做不到的原因，因爲每家廠商的品質報表格式不見得相同，經確認評估後如果可達到相同的品質管理目的話，可接受。（**資料是要用來分析診斷用的，目的達到即可，不必執著於格式**）

4-1-1-5

如果與廠商溝通要求提供相關資料有困難時，可請採購出面與廠商協調溝通。（因爲採購是對廠商下訂單的負責單位，掌握住廠商的訂單，故在要求廠商方面會比品保較有 POWER。）

4-1-2 統計分析手法

4-1-2-1 生產品質目標達成判定

依據工廠/廠商自己制訂的品質目標 KPI（Key Performance Indicators）比對出未達成目標的產品及物料並列出。

註：先簡略列出以下 KPI 項目及計算方式，僅供參考，各部門皆會有不同的管理 KPI。

- **生產直通率**

生產不良數／生產總投入數*100%（每個生產工位的良率相乘即是直通率）

例如：生產線投入 100 台物料生產，但最終只有 95 台良品一次性生產完成，其直通率既爲 95%。（生產過程中有經維修過的不能算是良品）

- OQC （Out-going Quality Control）出貨檢驗不良率

抽驗不良數／總抽驗數*100%

一般產品生產完成後要出貨前皆會由 OQC 單位依照 AQL（Acceptable Quality Level）抽樣表執行抽樣檢驗，合格後品保才能判定出貨。

・IQC（Incoming Quality Control）**進料檢驗不良率**

物料抽驗不良數／物料總抽驗數*100%

一般材料入廠倉庫前必須先由 IQC 單位依照 AQL（Acceptable Quality Level）抽樣表執行抽樣檢驗，合格後才能入倉庫良品倉。此指標可用來得知單一物料的不良率。

・IQC（Incoming Quality Control）**進料檢驗不良批率**

抽驗不良批總數／抽驗批總數 * 100%

此指標通常可用來看出所有檢驗批中那些廠商的物料不良批較多。

・IQC（Incoming Quality Control）**進料檢驗 TOP 不良率**

物料抽驗 TOP 不良數／TOP 物料總抽驗數*100%

一般 IQC 每周及每月都會統計發生不良前五大最多的物料及廠商，進而要求廠商檢討改善並提供改善報告書。

4-1-2-2 生產不良趨勢判定

依據計算出的各 KPI 不良率實績值，觀察其每日，每周不良率是連續兩點上升，或是下降，還是不穩定狀態。

註

連續 2 點上升（或下降）⟶注意以後動態。

連續 3 點上升（或下降）⟶開始調查員因，並採取對策。

如果有一點超出管制目標界限⟶須立即調查異常原因，並採取對策。

範例

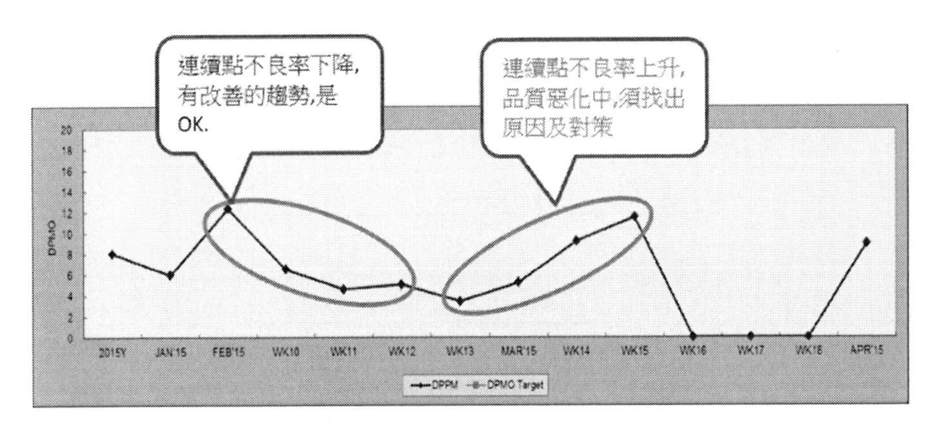

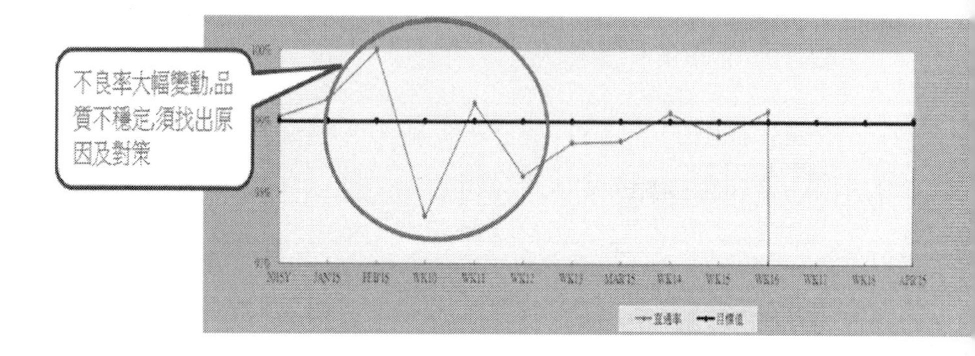

4-1-2-3 生產不良退料統計判定

依工廠生產的每日每周退料表統計出物料不良趨勢，判定物料品質是否穩定。

註：所謂退料是指從生產線打下來不良物料或 IQC 檢驗到的不良物料，此些不良物料皆會退到不良品倉，可以收集此數據還做分析看廠商的品質水準為何？

4-1-2-4 客訴統計分析判定

依照客訴發生之不良率統計每周或每月發生件數統計其不良，判定是否持續發生惡化中或是改善。

註：同上方是收集統計客訴數據，觀察其每周或每月的發生件數趨勢，再加以判定是呈現不良率減少還是增加的趨

勢，既知道是穩定還是惡化。

4-1-3 未達品質目標產品確認

4-1-3-1

依據日常對廠商或工廠生產數據進行統計後，進行與已設定的各項品質目標做　比對，篩選出以下未達標的產品或物料。

註：一般工廠會設定有關產品品質 KPI 目標，如 IQC 不良率，OQC 不良率，生產良率，客訴不良率……等，所以品保必須統計確認那些物料，產品沒有達到 KPI 目標。

4-1-3-2

確認目標每日的達成狀況，進而在確保每周目標的達成，再得以維持每月或更長
周期的品質持續改善。

註：意指做一天和尚就要敲一天鐘，要每天去關注品質狀況，一有問題就馬上解決這樣才能累績長時間的良好品

質。

4-1-3-3

列出每日和每周未達生產直通率的產品。

註：每日能夠發現問題解決問題的話，自然的每周品質狀況就能掌控。

4-1-3-4

列出未達 OQC 品質目標的產品。

註：欲改善 OQC 品質問題就必須從未達 OQC 品質目標的產品開始檢討。

4-1-3-5

列出未達 IQC 品質目標之物料及廠商及其他相關品質目標未達標的產品。

註：方式同上。

4-1-4 未達目標原因確認

4-1-4-1

在列出未達品質目標的產品或物料後必須積極的向工廠或廠商了解其未達標之原因爲何？

註：也可請廠商提出原因分析報告，有魚骨圖分析的話是最好。

4-1-4-2

一般的不良原因可分爲人員作業，物料，方法，環境，設備儀器，設計大約這 6 大類不等。

註：需確認廠商或工廠的分析原因歸屬正確與否。

4-1-4-3

工廠或廠商一般會在生產報表上列出未達標原因，但是不可完全盡信，必須再與工廠及廠商求證及確認是否未達標原因如實。

註：因爲常會遇到原因寫得太攏統，例如人員疏失，漏貼，

漏鎖……等，只是將不良的動作當作不良原因寫，而不是寫爲什麼會產生不良動作的眞正造成原因。

4-1-4-3-1

人員作業不良：意指人員沒有遵守作業守則或是人員作業疏失所導致的產品不良。

◆注意事項：通常人員作業問題可能會夾雜著作業方法不好或是教育訓練制度不好，所以如要確定是否眞該爲作業員本身的問題，還必須先釐清其是否有因作業方法及作業環境的影響。

4-1-4-3-2 物料不良

意指零件或部品的機能或功能或外觀不良，導致產品不良。

◆注意事項：如果是產品物料的問題，通常在與廠商調查過程中也是會牽涉到廠商端的可能6 大類原因（如 4-1-4-2 所述），必須和廠商仔細確認及求證，再確定原因。在後續的「原因分析」主題中會再詳細說明如何運用各種方法及手段與廠商或工廠確認找出不良眞正原因。

4-1-4-3-3 作業方法不良

SOP 或 SIP 中作業內容規定的作業方法或檢查方法不夠完善，容易讓作業員產生誤解而導致作業錯誤或作業疏失，或是 SOP/SIP 作業內容沒有規定到必須作業項目，導致產品發生不良。

◆注意事項：一般好的 SOP 或 SIP 的話，作業員容易理解及牢記.例如讓未受過訓練的人一看就可以立即按照 SOP/SIP 操作的話，就是最佳完美的標準規範。

SOP：Standard Operating Procedure 標準作業程序

SIP：Standard Inspection Procedure 標準檢驗程序

4-1-4-3-4 作業環境不良

意指工作環境不良如工作區過於狹窄或擁擠易產生產品碰撞，燈光不足不易檢出不良，員工教育制度不良或不落實，5S 沒有要求，噪音過高……等，易導致產品發生不良。

註：例如因為工廠環境燈光昏暗導致生產線檢查人員檢查不出產品外觀有刮傷或色差或其他外觀瑕疵問題。或是因為對新進作業員沒有進行教育訓練導致作業錯誤問題大量發生……等嚴重問題。

4-1-4-3-5 設備儀器不良

意指生產線的檢測治具或儀器發生故障或不精準，或是讓作業員不好使用而導致產品不良發生。

註：例如電動起子校正器故障導致在校正電動起子時檢查不出電動起子扭力已經不足，而作業員繼續作業也會導致產品鎖螺絲過鬆而造成產品品質問題……等。

4-1-4-3-6 設計不良

意指產品在設計時沒有將工廠及廠商的製程能力及作業員的組裝能力或物料特性做充分的考量，而導致產品在生產時易發生外觀或功能的不良。

註：例如：RD 圖面漏標尺寸公差造成生產線使用物料生產時產品不好組裝，或是外觀間隙過大不良發生。

還有 RD 因為選用的電子零件規格太過於 margin 導致在生產測試中常發生零件因為耐電壓或耐電流不足而零件

壞掉。

4-1-5 改善對策要求方法

4-1-5-1

依據資料確認出未達品質目標項目，欲對工廠或廠商的 QA 窗口要求提出改善報告時，可以 MAIL 或電話形式要求。(建議用 MAIL 比較有依據)

註：提醒！與廠商和廠內的所有 mail 必須定期封存保存，常發生有因爲人事異動後之前所與其所做過的要求及規定，皆會被因當事人不在了，或是忘記了而被忽略，這時你如果沒有當時的事證可舉的話，就變成啞吧吃黃蓮了，如當初有保存 mail 的話，還能夠依發生時間查找當時的mail舉出事證讓對方及相關人員信服。

4-1-5-2

改善報告格式可不限制，但是基本上需包含有不良發生之現象，不良率，發生期間，原因調查，暫定對策，長期對策，效果追蹤。

註：通常廠商都有自己改善報告的格式，不需要硬性規定使用哪種格式，只要有具備類似 8D 格式即可，但是如果當要提供給客户時，就必須先確認廠商的報告是否客户能接受，報告語言是否變更..事項確認好後再傳給客户。

4-1-5-3

廠商或工廠接收到改善要求後，必須於 3 個工作天內提出改善報告給 QE (Quality Engineering) 工程師/VQA (Vendor Quality Assurance) 工程師確認。

註：其實一般這個要求在採購與廠商簽訂合約時，或在品質附約中都會有規定要求廠商在品質異常處理時必須在多少期限內回覆調查原因報告和改善報告，其實只要依照雙方合約規定處理，皆不會太離譜，一般規定都是 3 個工作天要提出原因及暫定處理方式，5 或 7 個工作天要提出最終改善報告，包含長久對策實施，如果廠商提出報告有耽誤時可以請採購協助跟催。

4-1-6 改善報告確認要領

4-1-6-1

報告中必須對於不良問題的基本 5W 詳細記錄（what/when/where/who/why）及發生不良率。

註：廠商的改善報告當然是要對不良的問題情報敘述正確及充足，至少代表廠商的對策報告的正確性會比較高，否則如果廠商連問題都搞不清楚的話，改善對策又怎麼可能會正確呢？所以報告中針對是甚麼不良問題？何時發生？在哪發生？是誰造成不良？造成不良原因是爲什麼？必須要明確交代清楚。

4-1-6-2

針對報告中的原因是否爲眞因的確認，原因不可爲推測原因，並原因最好是可再現性的。

註：我遇過很多廠商及工廠常常在做原因分析時，都是以自己的經驗推測後就直接下定論，故也往往因爲原因錯誤導致下的對策也是錯誤的，最終還是導致相同不良再發

生，所以原因分析在對策中是一個很重要的前置環節，如果這環節錯了，後續步驟也會跟著錯，因此在找到原因時必須要驗證以不良原因能否複製出相同的不良現象，如果可以才能夠確定是眞正的原因。

例如：某工廠有一個產品發生了高不良率的 LCD 畫面異常，結果就被人判定爲 LCD 材料問題，而要求 LCD 廠商提出改善對策，但是對策後還是持續發生，結果廠商調查後證明他們的 LCD 品質沒有問題，因此工廠再展開詳細的分析調查，最後終於查出眞正原因爲組裝 LCD 的作業人員戴的靜電環失效了，所以造成作業員本身帶著靜電而直接拿取 LCD，導致 LCD 被人體靜電所破壞。

所以有些事即使親眼見還不一定爲實，必須再經過仔細求證確認過才可眞正確定事實爲何？

4-1-6-3

針對於對策的確認有分兩個部分，暫定對策和長期對策：

◆暫定對策確認：必須對廠商或工廠提出的暫定對策

其有效性，確認是否有做甚麼驗證佐證依據，才能執行。

註：因為當任何物料發生品質問題時，很可能會造成生產線無法繼續生產，甚至停線，將會造成產線人員因無法繼續生產而閒置，無法緊急作安排，甚至會導致原本預定出貨給客户的行程無法遵守，因此針對不良品暫定對策的處理，常常會評估不良品批量中是否有可以臨時制定的篩選標準（目視外觀或是測試物料特性……等），可以用來判定是良品或不良品的手段和方法，然後再逐一篩選出良品物料供生產線繼續生產，以減少生產損失。

或是因為在永久對策尚未導入前所實施的確保品質的方法，讓其可繼續生產或出貨。

◆長期對策確認：必須對廠商或工廠提出的長期對策內容是否有針對其分析的原因吻合，並確認是否有對症下藥.也必須確認對策是否有經過驗證 OK。

註：所謂長期對策就是永久對策，一般長期對策會針對不良眞因擬訂，也會經過驗證，所以大部分也會附有對策的驗證報告和結果，所以針對原因和對策及驗證報告可以

確認這三者之間是否符合，以判定對策方向是否正確。

4-1-6-4

針對報告內容必須確認是否有調查可能不良批量（風險批量）爲多少？其產品/部品的序列號和生產不良日期時間範圍，以利判定是否需做市場及客戶庫存處理。

註：一般物料或產品發生不良時，很可能不是單一個案不良，大都是有一定不良率，所以針對不良的調查必須追溯查出當初此與此不良物料同批生產數量及出貨數量多少？及預估出大概不良率。客户端才能依此些情報判定目前已經出貨到市場的不良可能會有多少？出貨到哪個地區的不良大概有多少？然後才能判定要如何做市場對應及處理。

4-1-6-5

需確認應該要有關於廠商或工廠自己庫存品的處理方式是否合理及確保不良不會再流出。

註：有些廠商會將不良品在沒有經過客户的同意下私下再次

加工後再出貨給客户，導致可能又造成客户端生產時的二次不良發生，所以一般如果是已經要求廠商不良品不可出貨及使用，必須報廢時，也必須要求廠商拍照物料報廢銷毀照片爲佳。

或是廠商想要將不良品加工處理爲良品時，其加工處理方式必須經過客户的同意認可後始可進行。

4-1-7 改善對策效果追蹤確認

4-1-7-1

依照工廠或廠商的對策導入日期，進行追蹤確認（各產品）。

註：另外的情況一般廠商如遇有客户要求之改善對策導入的作法時，除了提供對策導入的日期以外，也會要求廠商針對對策品首批出貨時，在外箱上做標示，以利接收方客户可以做識別管理，讓客户方便安排生產品質追蹤，以確認對策品有效與否。

4-1-7-2

從日常收集的品質資料上確認是否還有相同不良發生。

註：對策導入後還是要從日常的品質資料上去觀察確認不良有沒有再復發？才能確認改善效果 OK 否？

4-1-7-3

如有相同不良發生時，先判定其不良產品是對策前發生或是對策後發生。

註：此判定與對策的有效性有直接的關係，故是非常重要的確認，如果是對策後又再發不良的話，那之前的對策就必須再重新檢討。

4-1-7-4

如對策後 1 個月沒有再發生相同不良的話，就可將此結案。

註：一般的對策導入後品質觀察是 1 個月，也有的是以入料批或出貨批來訂，例如連續觀察 3 批～5 批不等。

4-1-7-5

對策無效時必須重新再要求廠商或工廠提出原因分析及對策。

註：這種對策無效又再不良復發的情形，在與工廠和廠商的對應中多多少少都會遇到，而且絕對不會只有發生一次，對策無效大部分是廠商沒有找到眞正的原因做有效的對策，所以當廠商再次提出對策時必須再嚴謹審愼地確認，也必須要靠自己累積的經驗來判斷，對廠商的製程愈了解的話，就愈能確認廠商對策的眞假。

4-1-7-6

再次確認廠商或工廠提出報告的報告時，請重複 4-1-7-1 至 4-1-7-6 步驟再次確認改善對策效果。

註：圖解說明——周不良趨勢圖

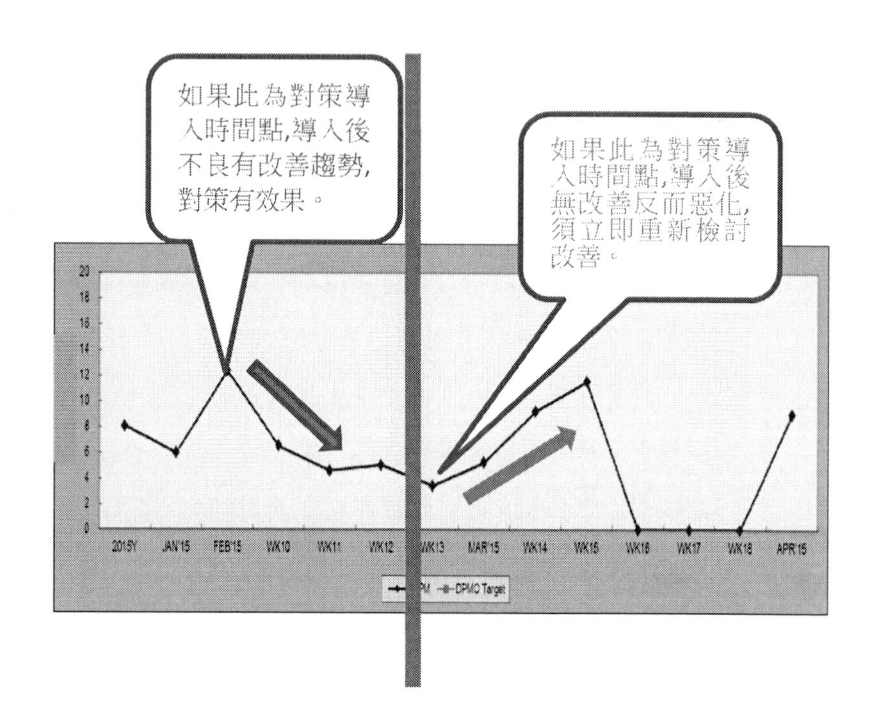

4-1-8 品質管理報告製作及彙整

4-1-8-1

QE/VQA 必須定期彙整出品質報表。(報表格式依據公司及主管規定)

註:一般工廠品保單位爲了管理工廠的品質狀況,都會規定品保工程師必須收集彙整數種品質報表來做品質分析及

檢討依據。

4-1-8-2

品質周報彙整，每周提出，內容須含有工廠及重點廠商的品質詳細狀況。(生產直通率，不良率統計，不良問題責任，廠商的 LRR 率統計)

註：品質資料包含的內容越多的話就表示品質狀況掌握得越清楚，千萬不要只流於形式上的資料彙整而已，必須有實際的參考及行動，才能讓資料變得有意義。

4-1-8-3

品質月報彙整，每月提出，除了有當月的統計外還須包含累計之前每個月的品質趨勢統計。(直通率，不良率統計，不良問題責任，廠商的 LRR 率統計，原因分析及對策)

註：品質周報及月報一般是工廠品保單位最基本必須彙整製作的，這是品保的　重要工作項目之一，也是品質管理的重要工具。

4-1-8-4

年度品質總結報告彙整，每年 11 月中前提出，針對該年的工廠及廠商的品質目標達成狀況統計說明，未達標者並提出原因分析及對策。(各產品及改善報告)

註：品質報表彙整只是一個分析解決問題的一個前置必要動作，重點是此資料的價值表現於是否有被充分利用作爲分析解決問題的工具，如果只是一個形式上的資料收集的話，就變得沒有意義了，有很多工廠及廠商都有此情形必須改善它後品質水準才能有效的提升。

這等於是帶動整個工廠及廠商品質系統運轉的主要動輪，如果沒有讓此動輪能夠有效的運轉的話，其工廠或廠商的品質系統就會變成等同一池的死水，最終因沒有運轉流動而發臭生污，既品質系統崩解產品品質惡化。

4-1-8-5

另外針對工廠及重點廠商不定期發生的品質異常案件時，視客訴案件必要狀況彙整報告提供給業務單位或客服窗口，以利提供給客戶。

註：一般平常的工廠及廠商品質不良事件，其改善報告只要到 QA 確認即可，但是如果是因爲客户市場不良而要求工廠或廠商提供改善報告時，QA 就必須彙整廠商或工廠所提出的改善報告並審查確認沒有問題後，再提供給業務或客户窗口再提供給客户，總言之凡是對外的品質相關資料或報告皆必須先經過 QA 確認沒有問題後始可提供。

4-1-9 市場不良問題處理要領

4-1-9-1

當品保單位從業務單位或客服窗口接收到市場不良情報後，先確認情報是否充分，如情報不足時則請業務或客服窗口再與客戶要求。

註：因爲對於客户的不良問題處理時，客户常會要求調查出該不良產品的生產日期，該批生產數量，該不良品當初生產時是否有被維修過？或是有被 out line 過？……等。

並且工廠或廠商也並須調查了解該不良品當初在生產時

間點的所有相關的生產條件是否有變更過？所以客户必須提供不良品的正確及充分的資訊以利工廠或廠商調查。

例如：提供產品序號，可以讓工廠或廠商追溯調查出該產品當時是在哪一天生產？批量有多少台？該不良品的生產履歷爲何？是否有被維修過？

例如：提供不良現象，工廠可以依此不良現象去確認目前所生產的產品及庫存品，會不會有相同不良現象發生。

所以一般來説，在客户反應不良時基本上必須提供幾個情報如發生不良現象，發生不良日期，發生不良地點，發生不良數量，發生不良率，使用多久發生不良，敍述在甚麼狀況下發生不良或必要時須提供不良品給工廠或廠商確認分析……等情報。

4-1-9-2

品保單位確認情報充足後，則將不良情報給品質工程或工程單位分析，如果工程單位分析技術有困難時，可轉至 RD 協助分析。

註：有些公司的制度和規模可能工作權責沒有分那麼細，可能品保和品質工程分析全爲同一部門的話，那就不會如4-1-9-2 所敘述的程序，可能就直接由品保接收客訴及分析後再要求責任單位對策。總言之還是需要看公司對各部門制訂的工作領域來執行。

4-1-9-3

品保單位依分析結果判定責任爲工廠製程問題或是廠商製程問題。

註：雖然分析不是品保部門，但是品保必須依據分析單位的結果來判定責任，有時候分析單位也有可能分析結果有偏向，可能會影響到品保判定責任錯誤，所以品保在判定責任前最好要多了解分析單位的分析動作及理由，以免被誤導。

不過我也有遇過有些工廠會在品保部門中編制一個品質工程單位，專門爲了作品質不良分析的技術單位，這樣品保自己在處理客户品質不良時可以不用委託其他單位分析，可能會比較好掌控進度。

4-1-9-4

依不良責任判定結果要求工廠或廠商調查原因，並審核確認原因是否爲眞因。

註：一般來說就是要求責任單位限時提出 8D report ，並確認審核報告是否 OK？

品保中的 8D 最主要是做品質異常問題的分析及修正，並防範日後再犯的一種任務性作業。作業完成時輸出 8D 報告。共有 8 個階段， 以 8 個 Discipline 定義，故簡稱 8D 及 8D Report。經常被品保運用於客訴回覆根據。

Discipline 1. Form the Team

成立小組：通常是跨功能性的，由相關人員組成

Discipline 2. Describe the Problem

描述問題：將問題儘可能量化清楚

Discipline 3. Contain the Problem

立即行動：對於解決 D2 的行動，包含清庫存等

Discipline 4. Identify the Root Cause

確認眞因：發生 D2 問題的原因

Discipline 5. Formulate and Verify Corrective

Actions

矯正措施：把D4的眞因給清除

Discipline 6. Correct the Problem and Confirm the Effects

改善問題並確認效果：執行D5後的結果

Discipline 7. Prevent the Problem

預防行動：確保D4問題不會再次發生的行動

Discipline 8. Congratulate the Team

恭禧小組：若照以上步驟完成後，問題已改善，此時可解散小組

4-1-9-5

如果報告經審查確認後不合格的話，則要求廠商或工廠重新提出。

當確認報告中內容有發生錯誤，不合理，缺項目，與事實不符，分析結果不夠客觀，處理方式不佳……等，皆可要求責任單位重新分析或修改提出報告。

4-1-9-6

對於廠商在提出的報告做審查確認。

註：同 4-1-6-3 步驟確認報告內容。

4-1-9-7

品保單位則依前述「4-1-6 改善報告確認」要領確認報告。

註：在品保確認任何異常分析改善報告，其原則及手法大致上都是相同的。

4-1-9-8

品保單位則依前述的「4-1-7 改善對策效果追蹤確認」執行確認。

註：所謂效果卻任其實就是很簡單的觀察對策導入後的不良是否有減少的判定。

4-1-9-9

同時也要與工廠或廠商檢討對於現有生產品的品質的

確保方式後始可出貨。

註：在對策未導入前還是常常可能面對到客户的出貨壓力，所以如果還要繼續出貨的話，廠商或工廠必須提出一有效的對於現有的成品及半成品及庫存品的品質暫定處理的方式，可以確保不良品不會流至客户端，並得到客户認同的處理方式。

4-1-9-10

與工廠或廠商確認檢討庫存品的處理方式。

註：即然已經確認不良已經發生，爲了避免後續不良持續在生產中發生和不良品流至客户端，所以一定要將工廠已經生產的不良成品和不良部品必須隔離處理，還有廠商端已經生產好放在倉庫的不良部品也是必須隔離處理，所以這些處理都是第一時間必須品保單位透過採購或是自己聯絡工廠及廠商召開會議一起檢討處理方式。

4-1-9-11

如有對策要導入，導入前必須先經過 QA or PE 驗證沒有問題後始可。

註：依我自己的經驗，當問題發生時通常 PE 或 RD 對於分析問題及對策時的心態，常會單點地考慮到如何將眼前的問題儘快對策解決，而沒有考慮到此對策是否對產品有其它影響？而當對策導入了之後又延伸出另外一個不良問題出來，所以為了避免這個情形發生，最好對策再導入前，先由公認的品保驗證單位驗證確認沒問題後再導入比較好。

4-1-9-12

如需對策 Rework 時，則請工廠或廠商提供 Rework SOP （Standard Operation Procedure）和 SIP （Standard Inspection Procedure） 確認，並記錄 Rework 產品的序列號（Serial number），以利日後市場追溯。

註：所謂對策 Rework 是要將不良品加工成為良品，所以對策 Rework 後出貨至市場或客户端後，為了避免反而造成更大的品質問題，那就得不償失了，所以 Rework 對策最好是先經 QA 和 PE 確認過沒問題後再執行比較 OK。

而且因為 Rework 動作不屬於正常產線的生產動作，所以其作業的遵循皆須另外再製作 SOP & SIP 給作業員 Follow SOP & SIP 的作業標準執行，以確保 Rework 作業品質一致性，並且對於被 Rework 過的產品也必須記錄序號或是將其作標示，以利爾後此產品萬一在市場或客户端出問題時，可追溯調查識別是被 Rework 過的產品或是沒有 Rework 過的產品。

4-1-9-13

要求工廠或廠商評估出市場不良率。

註：一般當市場不良發生時，身爲客户品保的立場都是直覺反應到眞的只會有這一件不良發生嗎？還是後續會有更多不良發生呢？品質風險有多大？……疑問。而品質風險的大小也相對與客户做市場不良處理的方式及規模息息相關，如果評估出來市場後續還是會繼續發生大量不良的話，客户有可能會考慮到產品 Call back 或是要求廠商至市場客户端處理，且一般只要做市場不良處理的話其處理後的費用都相當的可觀。

但是如果市場不良不多的話，在客户還可接受範圍內，一般就是要求提供新品交換，或是不良品退回維修，那損失就會比較小。

所以才要要求工廠或廠商預估自己所造成的產品不良率大約是多少給客户參考判定。

4-1-9-14

如爲設計問題，則由 RD 提出設計變更給客戶和 QA 驗證承認後，發行 ECN 導入。

註：一般如果牽涉到必須進行設計變更才能解決問題的話，先確認一下當初與與客户的合約中是否有規定到設變時必須經客户同意或通知客户，如有此規定的話，那就必須遵守規定執行。

如果沒有規定須通知客户或需客户同意的話，則 follow 内部設計變更程序執行即可。

4-1-9-15

有關於已出至市場的不良品，需與客戶溝通協調以下方式解決。

A.至市場 Rework。

B.付費給客戶至市場 Rework。

C.提供備品讓客戶至市場更換不良品。

註：一般客户是不太敢驚動到使用者客户，這怕會起連鎖反應到時如果造成產品須全面回收就難處理了，而且對客户的商譽也會造成不良影響。

但是客户的經銷商庫存品如還有很多的話，就會要求要 rework 或是更換新品，這時品保單位就要會同業務單位精算評估，以上 3 種方式是對我方比較省錢又方便的方式，且客户又能接受。

一般來説如要客户協助處理 rework 的話，客户的工時費用都是計價非常貴的，如果 rework 方式部會太難，更換零件不會太大的話，自己公司派人員至市場 rework 是最省的，就算是機票加上住宿費用都應該還比客户的工時費用划算。

提供備品的話通常是市場不必做全面的處理時，而是客户市場有發生一定的不良率，而且又不會太高，大約是不良率 5%以下之情形。(或依與客户合約上協定爲準)

4-2 現場品質管理監察

4-2-1 監察前準備要領

4-2-1-1

收集近 2 個月的工廠及廠商的品質資料。

註：同前 4-1-1 所述的資料監察的資料收集步驟即可。

4-2-1-2

從這些品質資料中，篩選出一些品質可疑點須現場確認的部分及尚未解決的品質問題。

註：例如工廠或廠商持續發生的品質問題可以藉此機會了解看看其製程的實際作業狀況，並藉此機會了解其發生不良的原因。

針對資料中如有發現到比較奇特的不良品質現象時，也可至現場了解看看。

4-2-1-3

篩選出近 2 個月工廠或廠商有導入品質對策的部分。

註：對於之前因爲工廠或廠商有發生品質問題並與其檢討要求改善的部分，可針對於工廠或廠商之前所回覆的已導入對策部分，在生產現場查核看是否皆有落實執行。

凡工廠或廠商所提出過的所有品質改善對策，必須親自查核，讓他們知道你是玩眞的，而不是嘴巴說說而已，這樣以後工廠或廠商才會依照要求去落實執行，因爲他們知道如果不執行的話，會被稽核出問題點，此點非常重要！

4-2-1-4

篩選出前一次監察工廠/廠商問題點已改善導入對策的部分。

註：這個稽核問題點的確認也是對於工廠或廠商品質管理是非常重要的一環， 也是與上述一樣，一定要監察落實讓工廠及廠商認知你是玩眞的，對於後續的客户的要求才會嚴謹看待。

簡單的說，監察有問題就是要要求對策改善，對策導入後就是一定要覆核對策執行是否落實就對了，千萬不可放鬆。

4-2-1-5

選定重點廠商要實施監察的對象，選定原則可分爲定期監查或是察覺其品質狀況已經開始呈現不穩定及惡化現象之廠商。

註：當然如果每個廠商都能監察到的話是最完美的，不過這也是最累最浪費人力的，依目前業界廠商的實際水準來看的話，也是不需要這麼做的，況且也沒有一家公司會如此做的，就拿半導體類的零件來說，其不良率接已經達到兩位數 PPM 非常低不良率的水準了，所以也可不須實施監察，除非是發生重大品質問題。所以最主要的重點廠商屬於機構部品的較多，且也可從每月 IQC 不良率及製程發生的不良率，制定出重點廠商來做定期監查也可。

4-2-1-6

擬訂監察工廠及廠商計畫。

註：每個月依照自己的工作安排計畫，並依據重點廠商狀況及日常品質狀況及結合廠商年度監察計畫來排定廠商監察計畫。

4-2-1-7

製作廠商/工廠監察表。

註：QA 在工廠或廠商監察前，必須先將個別廠商的監察表先做好，屆時到廠商端時再依照監察表逐一項目確認監察，據我到目前爲止的經驗，此監察表的項目可分爲兩種，第一種爲一般通用型的監察項目，適合大多數的廠商及工廠製程監察。

第二種是針對基板組立工廠或廠商的製程，因爲其製程與一般比較不一樣有分 SMT & DIP，所以有針對其製程設計的的監察表可專用。

（如果有需要監察表格可以我的 facebook 跟我索取。）

4-2-1-8

將步驟 2～4 所篩選出來需現場確認的項目加入工廠及個別廠商的監察表中的其他項目中。

註：制式的監察表除了已經有的固定項目外，如果還有其他臨時項目也要監察的，可以事先新增到監察表的空白欄位，屆時監察時比較不會忘記。

4-2-1-9

發出監察計畫請工廠端採購協助與廠商協調確定監察日期。

註：一般是 QA 制定好計畫後，給採購安排事先通知廠商。千萬不可用突襲監察的方式。(因爲突襲的方式是不尊重廠商也是不禮貌的)

4-2-2 表單作業監察要領

4-2-2-1

確認該程序是否有依規定產出實際操作的記錄表單？

註：例如 IQC 入料檢驗在 ISO 程序中有被規定，當檢驗物料時必須填寫「IQC 檢驗記錄單」，所以可以隨意抽取一個日期，並確認該日期當天有受入那些物料，再抽樣幾個物料確認並調出之前 IQC 檢驗後所填寫的 IQC 檢驗記錄單。

依此方式也可以沿用來稽核其他單位及程序。

4-2-2-2

確認表單是否符合 ISO 規定填寫？

註：一般 ISO 程序中會規定表單的填寫時機和場所及填寫人……等，皆必須符合規定。

4-2-2-3

表單是否被正確填寫？

註

A.填寫欄位必須都有填寫。沒有填寫的欄位必須有畫斜線示意此欄位不用填寫　。

B.期時間欄位必須填寫。

C.必須正確填寫量測記錄值欄位。

D.表單如有塗改必須簽名或蓋章。

E.表單必須有編號。

F.表單不可有被預先填寫的情形發生。

G.確認記錄值不可爲被造假。

H.確認記錄是否符合實際量測值。

U.主管或審核者欄位必須有簽名。

4-2-2-4 表單的保存是否符合規定？

註：一般 ISO 程序中皆會規定各不同有相關的品質記錄資料必須保存的年限，其目的是要預防當客户端或市場有品質問題發生時，必須追溯到當時的生產及物料檢驗狀況及廠商物料生產狀況時，就必須仰賴當初所保存下來的資料來做查詢，所以可以查看 ISO 所有需要保存的文件期限，並隨意抽樣幾種資料或表單查詢工廠或廠商是否

有還有保存規定年限中的資料。

4-2-2-5

當有品質追溯查詢需要時表單查閱是否容易查找？

註：承上項目確認當資料被查找出來時的時間或查找難易度如何？

因爲有的工廠或廠商都沒有按照 ISO 執行，或是保存的資料亂放，沒有做任何標示及管理，造成查找困難或甚至找不到的情形發生是常有的。

但是據我所知現在有些生產工廠都有導入電腦化管理，將產品的所有的生產記錄、履歷及檢驗記錄..等都保存在電腦系統中，這樣保存查詢就比較方便。

4-2-3 RoHS 管理監察要領

4-2-3-1

確認必須有 RoHS ISO 管理文件。

註：RoHS 是《限制使用某些有害物質指令》（the

Restriction of the use of certain hazardous substances)， RoHS 一共列出六種有害物質，包括：鉛 Pb，鎘 Cd，汞 Hg，六價鉻 Cr6+，多溴二苯醚 PBDE，多溴聯苯 PBB。鉛、汞、六價鉻、多溴聯苯和多溴聯苯醚的最大允許含量爲 0.1%（1000ppm），鎘爲 0.01%（100ppm），此限值的頒佈爲判定整機、元器件等產品是否符合 ROHS 指令的要求。

RoHS 管理文件中必須制定公司的 RoHS 標準，並也必須符合給個客户的標準，内容也必須詳細明確規定如何實施做法以確保從材料入料到成品出貨到客户端或市場都能符合 RoHS 標準。

4-2-3-2

確認是否按 ISO 規定實施？

註：承上條文，RoHS 的相關規定及管理辦法會被編列入 ISO 的管理辦法文件中，故必須依照其 ISO RoHS 文件中所相關規定及執行程序確認實際運作上是否有落實執行？或符合規定？

4-2-3-3

必須有 RoHS 檢驗設備及針對 RoHS 入料進行檢驗並紀錄。

註：RoHS 標準是 2006 年 7 月 1 日開始正式實施，故至目前爲止實施已經有 9 年以上了，所以再生產業界中的材料 RoHS 管理大都很成熟了，也大多數的材料都已經是符合 RoHS 標準，所以對材料的 RoHS 檢驗的頻率或次數可依照公司的設備及人力的負載來評估執行也可。

4-2-3-4

確認其 RoHS 管理標準是否符合要求標準？

註：一般來說是怕說萬一客户有更新標準並也有通知工廠或廠商更新標準時，而實際上工廠或廠商沒有更新落實，導致現有執行的標準與客户要求的標準不一致，此狀況需特別注意。

4-2-3-5

零件/材料供應商入料是否有提供 RoHS 檢驗資料？

註：一般都會要求廠商於入料時必須隨附出貨檢驗報告，而出貨檢驗報告中的檢驗項目必須要有 RoHS 檢查項目，並且必須是蓋合格章或檢驗合格始可。

4-2-3-6

零件/材料入料包裝袋或外箱上必須有貼 RoHS 標示。

註：大致上使用的標示如下任一皆可。(大小 SIZE 不拘)

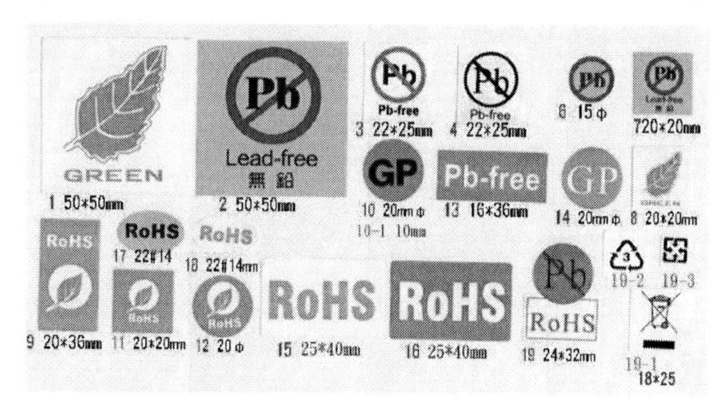

4-2-3-7

RoHS 報告是否有第三方公正單位檢驗資料、有效期限及列冊管理？

註：一般供應商在提供零件部品給客户承認時，都會附上其

材料的第三方公證單位的 RoHS 測試報告，例如 SGS 或 ETC……等公證單位的報告，其目的是要證明廠商的材料確實是符合 RoHS 的，並且有的公司要求比較嚴格，會要求廠商一年提供一次，以確保供應商有在定期管控。

4-2-3-8

倉庫對於 RoHS 與 Non RoHS 零件是否有分開存放及識別管控？

註：因爲有些材料的材質可能會有一些塵染性，會藉由空氣途徑散發，所以如工廠中有 RoHS 材料和非 RoHS 材料的話，千萬不可以放在同一個空間，怕 RoHS 材料會被非 RoHS 材料所污染到，且如果放在同一個空間也有可能發生被誤用的可能性，RoHS 材料可以替代非 RoHS 材料生產使用，但是非 RoHS 材料絕不可替代 RoHS 材料生產使用。

4-2-3-9

產線及設備治工具等必須有區分 RoHS 及 Non-RoHS 管

理，及不可有混用之疑慮。

註：一般生產工廠對於 RoHS 和非 RoHS 產品的生產管理，爲了確保 RoHS 品質起見一定要分爲不同的生產線生產，連維修的工站也必須分開的，所以當然治工具及設備也都要分開管理並標示清楚以免誤用。

4-2-4 IQC（Incoming Quality Control）管理監察要領

4-2-4-1

確認是否有 IQC ISO 作業規定文件？

註：所謂 IQC 是執行抽樣檢驗， IQC ISO 文件是指生產工廠對於供應商入料時的檢驗規定，其文件名稱每家公司命名可能不盡相同，但都大同小異，例如入料管理規範，IQC 管理辦法，進料管理辦法..等，其內容大致上是規定針對於入廠的部品和材料如何檢驗？抽取樣本？如何遵循檢驗標準？如果檢驗到品質異常時該如何處理？如何製作檢驗記錄..等的相關入料檢驗的程序步驟及注意事項。

4-2-4-2

隨機抽選 5 個或數個料號確認是否有 IQC SIP？

註：生產工廠的入料檢驗單位應該對於所有入廠的材料零件，逐一製作檢驗作業標準讓作業員依據檢驗作業標準對入廠材料零件做檢驗，故爲確認 IQC 是否有落實製作檢驗作業標準時，可以隨機從工廠的生產物料料號明細表中抽取 5 個物料的料號，然後請 IQC 馬上拿出此 5 個料號個別的檢驗作業標準書。

另外的如果有遇到生產工廠有新產品正在生產的話，也可以針對新產品中的材料零件抽取幾個料號確認看看，生產工廠對於新產品的物料是否有即時做好物料檢驗作業標準書。

4-2-4-3

確認要有檢查標準，明確檢查方法規範及依照圖面規格檢驗？

註：意指也要確認 IQC 檢驗作業標準的內容的檢驗標準，步驟，方法，項目圖面..等是否都寫得明確及清楚，不會

讓檢驗員產生誤解的可能性發生，而且也要確認檢驗員在檢驗時是否都有依照 IQC 檢驗作業標準書執行檢驗。

4-2-4-4

確認檢驗單上檢查標準，檢查 Lot No，廠商檢查日，檢查者，檢查項目，方法，允收範圍，檢查儀器，測定 Data，檢查結果是否記錄確實？

註：此意爲必須確認 IQC 檢驗員檢驗完畢後，是否有據實填寫檢驗記錄單，該填寫的欄位都必須填寫，要記錄確實的意思。

4-2-4-5

確認是否有針對重要部品進行重要特性值（Cpk）管理，當有異常時所採取的措施？

註：所謂重要部品是指如果該部品發生不良時即會造成產品重要功能喪失導致產品無法正常操作之情形發生，所以爲了防止後續在市場上發生品質問題，會由開發或工程部門制訂出重要部品類別及需管控的特性值列表後，發

行重要部品清單給工廠 IQC 進行日常管制，而 IQC 收到後則依重要部品清單製作檢驗作業標準書，並且必須定期收集此些重要部品的特性值量測數據作 Cpk 統計，以確認其 Cpk 是否維持原來的水準或是變差。

所謂 Cpk 是指供應商的製程能力水準，並且由 Cp & Ca 組合而成的。

Ca 製程準確度（Capability of accuracy）各製程之規格中心值設定之目的，就是希望各工程生產製造出來知各產品之實績值，能以規格中心爲中心，呈左右對稱之常態分配而生產製造時，也應以規格中心值爲目標。若從生產過程中所獲得之資料其實績平均值與規格中心值之間偏差之程度，稱爲製程準確度 Ca。

而 Ca 有分四個等級從 A～D，A 是最高最準確等級，當 Ca 等級評定後之處置原則大致如下：

A 級：作業員遵守作業標準操作並達到規格之要求須繼續維持。

B 級：有必要儘可能將其改進爲 A 級。

C 級：作業員可能看錯規格不按作業標準操作或需檢討規格及作業標準。

D 級：應採去緊急措施，全面檢討所有可能影響之因素，必要時停止生產。

Cp 製程精密度（Capability of precision）各工程規格上下限之設定目的，乃是希望生產製造出來的各產品的品質水準都能在規格上下限容許範圍內，故可從生產製造過程中隨機抽樣至少 50 個以上的樣品，再計算出其群體標準差（σ），再以此公式計算出 Cp=規格公差/3σ 或規格公差/6σ，而 Cp 值是越大越好，也有分爲 A～D 四個等級，A 是最高等級，當 Cp 等級評定後之處置原則如下：

A 級：此一製程甚爲穩定，可以將規格容許差縮小或勝任更精密之工作。

B 級：有發生不良品之風險，須加以注意，並設法維持不要使其變壞及迅速追查原因。

C 級：檢討規格及作業標準，可能此製程無法勝任如此精密的工作。

D 級：應採去緊急措施，全面檢討所有可能影響之原因，必要時停止生產。

Cpk 是製程能力指數，可以計算公式計算出其能力指數值，依其能力指數值評定可分爲三級，從 A～C（A 級：1.33 ≦ Cpk， B 級： 1.0 ≦ Cpk<1.33， C 級：Cpk<1.0），等級評定後的處置如下：

A 級：製程能力足夠。

B 級：製程能力尚可，應再努力。

C 級：製程應加以改善。

4-2-4-6

針對重要部品的重要特性值，必須入料檢驗的每 Lot 在檢驗完畢後，填寫 IQC 檢驗記錄單後並且要附上廠商的出貨檢驗報告一起保存。

註：零件部品的檢驗量測值的部分，最好是可以輸入電腦系統保存管理，以利後續萬一發生品質問題時，可以追溯確認當時的量測值的狀況。

4-2-4-7

確認進料部品的料號標示，數量標示，並對於 IQC 正在檢查中的物料及以檢查完成後的零件部品的識別管理？

註：對於供應商的零件部品其包裝外的標示廠商名稱，料號，數量，廠商檢驗合格章..等，IQC 必須確認是否有標示不齊全之情形發生。並且對於 IQC 在檢驗中的零件部品與已經檢驗完成的零件部品是否有區隔標示清楚，以免發生混淆。

4-2-4-8

要明確出教育的必要資料，依此進行教育訓練，對作業員做審查。

註：確認 IQC 針對新人教育訓練的資料是否有明確制定？並必須抽樣 3～5 人的 IQC 人員的教育訓練資料是否有按照規定對 IQC 人員評核？評核成績是否符合合格規定？確認教育訓練教材是否與 IQC 人員審查評核內容一致？

4-2-4-9

對廠商品質異常處理進度管理是否完善及落實？

註：IQC 對於檢驗中所發生的所有品質問題，必須作登錄管理，並且對於供應商尚未回覆矯正改善報告的，必須持

續定期跟催直到結案爲止。

故 IQC 必須隨時都知道目前供應商品質異常的處理進度，例如尚有多少案件還在處理中，有多少件已經結案，有多少件已經過期限但未結案，必須呈報主管指示處置方式，以免有遺漏發生。

4-2-4-10

確認檢查區域的溫溼度管理，超過允收範圍的情況時的處置和記錄。

註：IQC 的一些檢驗場所及設備常有被規定必須要在溫溼度管控的空間操作或保存，如對於溫溼度會影響到其材質熱漲冷縮的特性，或是怕檢查中濕度會入侵零件部品包裝中影響品質變化……等。

例如：有些塑膠或橡膠在不同溫度量測時，因爲熱漲冷縮的特性會產生一些外觀尺寸上的微許變化而影響量測結果。

還有像有些電子零件是眞空包裝，拆開包裝檢查時怕高濕滲入包裝内影響品質。

所以必須確認 IQC 有被溫溼度管控的空間是否有按其規

定管理，每天要做環境溫溼度點檢及記錄，並且也要確認記錄值是否符合現溫溼度實際狀態值？當溫溼度超出管制範圍時做如何處置？

我見過很多生產工廠在大陸東莞沿海一帶，每年在差不多 4～7 月時候，因爲常下雨導致濕度超高，廠內的地板常常看起來像被濕把板拖過而沒有拖乾一樣濕，所以廠內該溫溼度管制的空間，如果沒有管制好的話，很容易發生品質問題的。

4-2-4-11

針對沒有達成品質目標的部品是否有取得修正處置？（監查，品質會議…….等）

註：一般生產工廠都會有品質會議或是 KPI 關鍵績效指標（Key Performance Indicators）檢討會議..等，IQC 的品質目標只是其中的一小部分而已，也可能依公司體制不同而會議名稱不一樣，我們可針對這些品質會議或 KPI 會議的會議記錄做審查確認，對於一些未達工廠設定的目標的項目，例如 IQC 入料不良率，生產直通率，生產稼動率，OQC 不良率，物料報廢率……等，是否有展開至

相關單位改善處理，像是提出改善報告，還有對於改善對策的實施其效果性有沒有人做確認..等確認項目。

總言之一個生產工廠的品質改善能力及改善的體制是否有在正常運作的確認。

4-2-4-12

IQC待檢區是否定義明確？

註：IQC物料未檢驗前的暫存放置區域必須有規定範圍，並要明顯的標記，物料放置不可有超出區域範圍的情形。

一般工廠是用黃色或其他顏色的膠帶貼在地上圍出一個區域範圍，但是時間一久了膠帶會破損就必須更換，所以如果區域是固定不會變更的話，永久的方式可用油漆塗畫的方式也可，但不可用紅色系列，因爲紅色是代表不良品的區域。

4-2-4-13

合格區與不合格區是否定義及標示明確？（不合格區必須使用紅色標示）

註：如上條文說明，合格區與不合格區也必須明確定義及標記，並擺放確實不可有良品與不良品混淆之可能發生。

但是也有遇過區域及範圍是不固定時，也可以用四支圍柱榜上有顏色的線，然後將置放物的區域範圍暫時圍起來做區隔標示，這種可活動式的做法一般是針對不良品區比較多，因爲不良品區域常常會因爲臨時發生物料批量不良時，不良數量突然增多，所以造成本來規畫的區域不夠，才用此方式。

不良的物料除了規定放在不合格區以外，其不良物料本身或包裝也必須被 IQC 貼上檢驗的不合格標示，例如蓋紅色的不合格章和貼上紅色的不良標籤，標籤上也必須記載不良現象。

4-2-4-14

確認檢驗報告是否記錄填寫落實？

註：現場抽閱前一周或前幾周已歸檔的 IQC 檢驗報告，確認其檢驗報告是否有每個欄位填寫落實，及擔當者和主管審核者都必須要簽名。字形工整必須是可以被容易識別出來，如有塗改也必須簽名或蓋章。

4-2-4-15

確認檢驗 SIP 歸檔及查找是否容易及快速？

註：在 IQC 現場隨機抽取 3 個部品物料料號，然後交由 IQC 檢驗員找出相對應的 IQC SIP，確認當檢驗員在查找 SIP 時是否容易？方便？所花費的時間是否適當？（一般應該要在 15 秒內）

4-2-4-16

確認 IQC 檢驗報告查詢是否容易及快速？

註：同 4-2-4-14 動作，確認查找資料所花費時間是否適當？（此時間較無限制，因爲如果 paper 資料已經封存的話還要翻找就比較花時間，但如果公司是以電腦系統記錄檢查資料的話，就會比較快，依公司制度不同而異）

4-2-4-17

確認檢驗記錄是否有依 ISO 文件保存期限規定實施？

註：如果 ISO 文件中規定必須保存 3 年的話，就必須調閱 2 年前的資料是否還保存著以確認是否依照規定保存落

實。

4-2-4-18

限度樣品的保存是否合宜？是否確認其有效期？

註：所謂限度樣品是指對於產品的外觀部品，因爲無法在標準文字敘述中詳細描述及量化時，客户常會提供上下限樣品當作檢驗的依據，尤其像是塑膠件色板，LOGO 標誌……等其他外觀部品，又因爲這些樣品也會因時間久了或是保存環境優劣的關係，會造成樣品變質，故必須制定有效期，如果有效期過了就必須重新申請樣品。

且樣品在有效期間，也必須定期確認其品質。

4-2-5 生產線監察要領

4-2-5-1

確認 SOP/SIP 規定產品是否符合現狀生產產品？

註：一般生產線上一定會有生產或組裝及最終全檢檢查部

分，生產部分作業員必須遵循 SOP 執行作業，而生產檢查部分一定要遵循 SIP 執行檢測作業，故必須先確認其 SOP 和 SIP 與現生產產品是符合的，以免作業員誤用 SOP 或 SIP 造成誤操作。

4-2-5-2

確認 SOP/SIP 文件上一定要有發行章？

註：一般 ISO 都有規定沒有蓋文管中心發行章皆不能算是正式文件。

4-2-5-3

確認 SOP/SIP 文件上必須有製作者和審核者確認蓋章或簽名。

註：此爲 ISO 規定。

4-2-5-4

確認 SOP/SIP 文件上不可有塗改之情形，如有的話再修改處必須蓋章或簽名。

註：此爲 ISO 規定。

4-2-5-5

確認作業員實際動作是否有符合 SOP/SIP 上的規定？

註：現場確認實際作業員的生產作業和檢查作業是否都有符合其 SOP 和 SIP 規定，需一個一個步驟比對確認。如果有發現作業員動作與 SOP 或 SIP 不符合時必須詢問作業員爲何不遵守作業規定的原因，因爲常有時候因爲作業員熟練了，有了自己比較方便又快速的作業方式不同於 SOP 或 SIP，或是 SOP 或 SIP 的作業規定不好執行而作業員自行調整，如果有以上狀況的話，必須請生產班組長管理幹部了解後再判定是要修改 SOP 或 SIP，還是糾正作業員作業動作。

4-2-5-6

確認 SOP/SIP 內容必須有執行步驟，測試步驟，使用治工具或耗材，設定參數，作業指示圖……等。

註：意指所有 SOP 和 SIP 的內容必須有詳細規定凡有關執行

作業時的相關步驟，規定，注意事項和示意圖..等必要的內容，以利讓作業人員容易了解及作業。

4-2-5-7

確認 SOP/SIP 中規定的物料種類及數量及使用的治工具是否符合？

註：不是 SOP/SIP 中規定的治工具絕對不能使用，並且該工站的放置物料也必須是在 SOP/SIP 規定中有的才可放置。

4-2-5-8

待組裝物料是否有依規定放置物料盒或物料架上？

註：生產線上所有物料都必須規定固定位置放置，而作業員也必須遵守規定。必須做到物物有定位。

4-2-5-9

確認物料是否超出物料盒限高高度？

註：例如螺絲放置物料盒時會有限制不可放太滿，怕螺絲在

拿取時容易掉出盒外，故會在物料盒內部在 8 分滿的地方貼一條標示線，讓作業員知道在補充零件時，不可超出 8 分滿的標示線。

4-2-5-10

確認物料取放時是否會可能造成物料損傷的疑慮？

註：確認作業員的動作是否太粗魯，有潛在損傷零件部品的可能性。

4-2-5-11

確認工作臺的物料架上物料是否依規定放置，不可有過高過擠及散亂情形。

註：一般在工站上皆會有規定作業區或物料放置區或不良區放置區及標示線……等，作業員必須遵守並依照規定執行，不可有亂放及混淆之情形。

4-2-5-12

不良物料是否有被確實隔離及明顯標示？

註：工作臺上必須有設置專門放置不良物料的盒子或場所，而且不良物料上必須有明顯的不良標示，可與正常物料明顯區隔以免發生誤用。

4-2-5-13

是否有進行首件檢查？

註：所謂首件檢查是指生產線在剛開始生產產品時或剛切換生產不同產品時，必須針對生產出來的第一台做檢查確認，如果是合乎規格及標準及正確的產品的話，才能判定可以繼續開始生產。故需確認生產線於生產前是否有執行此動作，並且通常此首件檢查會是由生產製造單位和品保單位一起執行的，以避免生產單位球員兼裁判情形發生。

如果沒有做此首件檢查的話，萬一一剛開始生產錯的產品沒有被發現而一直生產下去的話，等到被發現時可能已經爲時已晚生產了一大堆數量不良的產品損失就大了。

4-2-5-14

是否作業員皆有工位/崗位認證卡？

註：可上生產線生產的作業員都必須配戴合格證，以證明該作業員是合乎資格。當有懷疑時可隨時請生產單位調閱其教育訓練考核資料確認其作業員是否合格？

4-2-5-15

作業員資格是否與工位認證卡符合？

註：因爲有時候工廠的生產工位是屬於比較有一點技術性或危險性的，故除了一般訓練的知識以外，還必須受訓一些專業的知識始可，所以其合格證的項目與一般合格證是不一樣的，所以還是必須確認比對清楚。

4-2-5-16

抽樣數名作業員的教育訓練資料確認是符合資格？

註：抽閱 3～5 名作業員的教育訓練記錄確認。

4-2-5-17

作業員異常感知性確認如下

◆與平常「顏色」不同?

◆與平常「形狀」不同?

◆與平常「聲音」不同?

◆與平常「重量」不同?

◆與平常「大小」不同?

◆與平常「長度」不同?

◆與平常「材質」不同?

◆與平常「裝配程度」不同?

◆與平常「鉗緊程度」不同?

◆與平常「數值(數據)」不同?

◆與平常「運動(速度,彎曲..等)」不同?

註：可刻意製作以上不良品樣品，在生產過程中刻意讓不良樣品流入生產線中，以測試生產作業員或檢驗員可否正確檢出該不良品，測試其品質異常感知能力是否靈敏，此方式生產部或品管部門也可自己定期實施測試，以維持確保作業員及檢測員的異常感知能力水準。

4-2-5-18

確認是否有靜電防護工位？ 是否落實配戴靜電環？（不是電子產品可忽略此項）

註：這一般是在有生產或組裝電子零件部品的工廠所會有的工位，因爲很多電子零件是會被靜電破壞的，尤其是在低濕低溫的狀態下人体極易產生靜電，所以配戴靜電環可以讓人體的靜電從靜電環導掉，保護零件不被破壞。

所以如有遇到需要配戴靜電環的工位的話，就必須確認其配戴方式是否正確，常看到有作業員配戴鬆鬆的，靜電環沒有與人體緊密接觸，其消除靜電效果就會大打折扣。

4-2-5-19

確認靜電環是否有被確實日常點檢？（不是電子產品可忽略此項）

註：靜電環是一種消耗品，故經時間一久後效果會漸漸減弱，所以每一個靜電環有使用時每天都必須被量測是否還在正常，一般工廠都是早上上班前和午休後的上班前

都必須做量測和記錄。

4-2-5-20

確認現場是否有溫溼度管控？ 是否有落實量測及記錄？

註：確認生產線廠如果有規定要溫溼度管控的話，就必須確認是否有依照規定定時量測及記錄。

4-2-5-21

確認流動線是否有瓶頸工位？ 如有的話必須探究原因。

註：所謂瓶頸工位是指在整個生產線當中有某個工位因爲作業不及常常堆積前工位所完成的產品而消耗不完，也造成前後工位閒置的狀況，這就有可能是新人作業或是作業工時規劃不平衡所致，而且此情形也是最容易發生品質不良，必須注意。

當工位易累積太多產品未完成時，其作業者可能會因此而慌亂或趕作業完成時，就容易發生作業疏失及作業錯誤而導致品質問題。

4-2-5-22

確認作業環境是否易讓作業員不良品流出的因素存在？（例如光線不足，吵雜

聊天，紀律……等）

註：光線不足會造成對於產品的外觀瑕疵檢出力低，如噪音太大會造成對於產品的異音檢出力低，環境的紀律不好容易造成作業員作業易分心……等因素而導致產品品質問題發生。

4-2-5-23

確認是否有特殊工位？ 特殊工位作業員資格是否符合？是否有被經考核合格？

註：一般指特殊工位/工站的話，該特殊工位的作業的難度會比一般工位高一些，或是作業危險性比一般工位高一些，所以通常都會挑選能力較優或較細心謹慎的人來擔任，當然其作業的教育訓練與要求也會與一般工位不

同，也必須通過特殊工位的特殊項目考核後始可擔任，只有一般工位資格的作業員是絕對禁止擔任特殊工位。

4-2-5-24

新進員工是否可容易的被識別出來？

註：一般工廠爲了便於管理新進員工（三個月內的），會讓新進員工戴不同顏色帽子或是臂章或其他標識……等方式，讓管理者可一眼識出新人作業者並可隨時關注其作業是否正確。

4-2-6 LQC（Line Quality Control 生產線品質檢查）管理監察要領

4-2-6-1

確認 LQC SIP 規定產品是否符合現生產產品？

註：LQC 是執行生產 100%全數檢驗，故爲了配合產線的生產動線速度其檢驗項目一定比 OQC 來的少得多，所以 LQC

都是挑重點主要項目做檢驗，如主要功能項目或主要外觀尺寸..等項目，LQC 是一個很重要的檢驗環節，是生產過程中執行全檢的工序，如果檢驗項目涵蓋率不足的話，是很容易將不良流至客户端導致客訴發生，故 LQC 的檢驗項目設計規劃是非常重要的，必須符合產品品質周全性。

4-2-6-2

確認LQC SIP 文件上一定要有發行章。

註：此爲ISO對於正式文件的要求規定。

4-2-6-3

確認 LQC SIP 文件上必須有製作者和審核者確認蓋章或簽名。

註：此爲ISO對於正式文件的要求規定。

4-2-6-4

確認 LQC SIP 文件上不可有塗改之情形，如有的話再修改處必須蓋章或簽名。

註：此為ISO對於正式文件的要求規定。

4-2-6-5

確認作業員實際動作是否有符合LQC SIP上的規定？

註：現場確認實際作業員的生產作業和檢查作業是否都有符合其SIP規定，需一個一個步驟比對確認。如果有發現作業員動作與SIP不符合時必須詢問作業員為何不遵守作業規定的原因，因為常有時候因為作業員熟練了，有了自己比較方便又快速的作業方式不同於SIP，或是SIP的作業規定不好執行而作業員自行調整，如果有以上狀況的話，必須請生產班管理幹部了解後再判定是要修改SIP，或是糾正作業員的作業動作。

4-2-6-6

確認LQC SIP內容必須執行步驟，測試步驟，使用治工具或耗材，設定參數，作業指示圖……等。

註：意指所有SIP的內容必須有詳細規定凡有關執行作業時

的相關步驟，規定，注意事項和示意圖..等必要的內容，以利讓作業人員容易了解及作業。

4-2-6-7

確認 LQC SIP 中規定的檢驗治工具是否符合？

註：不是SIP中規定的治工具絕對禁止使用。

4-2-6-8

檢驗設備儀器或治工具是否有作日常點檢？確保測試產品時是功能正常。

註：生產單位的檢驗設備和治工具是用來生產最終產品 100% 檢驗的，故其功能正常與否會影響對產品 OK 和 NG 的判斷，所以是非常重要一環，所以其檢驗設備必須至少每日做一次確認其檢測功能是否正常。

以免發生因爲檢測設備失常而導致批量性產品品質誤判。

4-2-6-9

確認檢驗項目是否有含客戶品質抱怨項目？

註：一般對於之前發生在客户端的不良現象，如果是因爲生產線漏檢所致的話，爲了預防客訴不良再發生，應該必須在生產線檢查站新增加入該檢驗項目。

4-2-6-10

針對 LQC 漏檢流至 OQC 之品質問題是否有檢討改善？

註：對於 OQC 所抽驗到生產線所流出的品質不良，生產部門應該定期做檢討改善並導入對策，以避免不良持續在 OQC 發生，一般的生產工廠應該都會有每天下班前的生產會議，可利用此會議檢討並及時改善。

4-2-6-11

確認 LQC 檢驗不良品的維修流程是否被管理狀態？

註：被生產線檢驗工位所檢驗不良的產品，有的不良品可能會被流至維修站維修，所以必須確認從不良品發生後，產線如何記錄追蹤到維修站，然後經維修站維修後的產

品又如何返回產線重新檢驗，此流程必須確保不會漏失，漏修或漏檢驗的可能，否則很容易發生 OQC 沒有抽驗到不良品直接就流到客户端。

4-2-6-12

所有被維修的產品是否皆可被追溯當時的維修處理狀況？

註：所有被維修過的產品必須都有記錄，以利後續在市場有發生問題時，可以追查比對當時在生產時是否有被維修過？是因爲甚麼不良而被維修？可以判斷市場不良與當時的維修是否有關連？

4-2-6-13

確認被維修好的產品如何確保其品質？是否可能有被遺漏檢驗而流出出貨？

註：一般維修流程中會規定維修好的產品必須還要經過品保人員複檢或確認才能出貨，或是必須重回流至生產線中測試..等規定，必須確認其規定的流程或程序是否考慮

周全，及是否有按照其維修流程規定落實執行。

4-2-7 IPQC（In-Process Quality Control）管理監察要領

4-2-7-1

確認是否有 IPQC 作業規定？

註：IPQC 通常是工廠品保自己本身用來做每日製程巡查的，其巡查的項目也是主要針對作業規定符合性及 5S 等做確認，所以說如果工廠注重於 IPQC 的巡檢的話，工廠可以依賴 IPQC 將其系統制度維持一定水準，但是如果工廠對於 IPQC 的巡查結果不重視，不檢討的話，IPQC 就會等於形同虛設，而最終可能讓 IPQC 走向廢除之路，這對於工廠體制系統的維持或提升來說不見得是好事，接觸了那麼多工廠及廠商來說，其 IPQC 做得好不好也可以直接判斷其生產工廠的品質的水準。

4-2-7-2

確認 IPQC 作業是否有落實依照規定？

註：IPQC 除了依照巡檢表進行巡檢以外，對於巡檢發現的不符合項目時的異常處理是否有依照程序處理，追蹤，確認，結案步驟落實執行。

4-2-7-3

確認 IPQC 的確認項目是否有包含客戶抱怨及產線經常漏檢之品質問題？

註：一般 IPQC 的確認項目中會有一些屬於因爲產品不良而提出的改善對策，確認其對策是否有持續落實執行，以避免不良再發生，所以說 IPQC 的確認項目不是全部都固定的，必須依照工廠的品質狀況配合做調整才能事半功倍，也才能協助生產工廠提升品質水準。

4-2-7-4

確認針對 IPQC 所發現的問題是否有進行改善預防活動，改善是否落實？

註：工廠相關單位對於 IPQC 巡檢所發現的問題，必須一一對應提出改善，並落實執行改善不可再發生相同不符合事

項。

4-2-7-8

確認 IPQC 每天發現的問題多或少？發現的問題是否是一直重複的問題？

註：IPQC 的成效也可以從 IPQC 的實績看出其效果好不好，當 IPQC 巡查的問題很少而客訴又多時就必須檢討 IPQC 的方向是否正確？需要再調整？如何調整會比較好？如果 IPQC 發現的問題點是一直重複的話，那代表生產工廠的品質改善意識很弱，工廠幹部的問題居多，品質風險高。

4-2-7-9

確認 IPQC 未結案件數？有追蹤管理嗎？

註：未結案件數多少與品質改善能力是呈正比的，藉此也可看出一家工廠的品質能力。

4-2-7-10

確認 IPQC 的項目是否足夠？（IQC/倉庫/生產/OQC ）

註：此項目主要是確認 IPQC 的含括範圍是否足夠，大部分的生產工廠的 IPQC 都只做到生產製程這個部分，規模大概 1～2 人，如果能夠 COVER 到 IQC 和倉庫和 OQC 的話是最完整的。

4-2-8 OQC（Out-Going Quality Control）管理監察要領

4-2-8-1

確認是否有 OQC ISO 作業規定文件？

註：OQC 是執行抽樣檢驗，不是全檢，所以 OQC 通常會有比 LQC 較多的檢驗時間可以執行比較詳細的檢驗，以使用者的操作習慣執行檢驗，或是以客戶端的 IQC 立場執行檢驗，減少入料至客戶端時的批退率。所以 OQC 檢驗項目的設計規劃必須依據出貨類型來規劃，有分三種：

A.如果是直接出貨成品至市場的話，就以使用者/操作者的觀點及立場來規劃爲重。

B.如果是出貨半成品至客户端 IQC 入料檢驗的話，就以客户端 IQC 的檢驗方法及項目來規劃，才能對症下藥，符合客户需求爲重。

C.還有一種是客户要求指定項目，這就完全遵照客户要求即可。

4-2-8-2

確認要有檢查標準，明確檢查方法規範。

註：此意指也要確認 OQC 檢驗標準的內容的檢驗標準，步驟，方法，項目圖面..等是否都寫得明確及清楚，不會讓檢驗員產生誤解的可能性發生。

4-2-8-3

確認檢驗員是否有依照 SIP 步驟檢驗？

註：確認檢驗員在檢驗時的每個步驟是否都有依照 OQC SIP 規定步驟及事項執行檢驗。

4-2-8-4

確認檢驗單上檢查標準，檢查 Lot No，廠商檢查日，檢查者，檢查項目，方法，允收範圍，檢查儀器，測定 Data，檢查結果是否記錄確實？

註：此意爲必須確認 OQC 檢驗員檢驗完畢後，是否有據實填寫檢驗記錄單，該填寫的欄位都必須填寫，要記錄確實的意思，以利後續追溯方便。

4-2-8-5

要明確出教育訓練的必要資料，依此進行教育訓練，並對作業員做評核。

註：確認 OQC 針對新人教育訓練的資料是否有明確制定？並必須抽閱 3～5 人的 OQC 人員的教育訓練資料是否有按照規定對 OQC 人員評核？評核成績是否符合合格規定？確認教育訓練教材是否與 OQC 人員審查評核內容一致？

4-2-8-6

確認對 OQC 品質異常處理進度管理是否完善及落實？

註：OQC 對於檢驗中所發生的所有品質問題，必須作登錄管理，並且對於責任單位尚未回覆矯正改善報告的，必須持續定期跟催直到結案為止。

故 OQC 必須隨時都知道目前責任單位品質異常的處理進度，例如尚有多少案件還在處理中，有多少件已經結案，有多少件已經過期限但未結案，必須呈報主管指示處置方式，以免有遺漏發生。

4-2-8-7

確認檢查區域的溫溼度管理，超過允收範圍的情況時的處置和記錄。

註：OQC 的檢驗場所及設備常有被規定必須要在溫溼度管控的空間操作或保存，如對於溫溼度會影響到其材質熱漲冷縮的特性，或是怕檢查中濕度會入侵零件部品包裝中影響品質變化……等。

如果 OQC 沒有被規定要溫溼度管控的話，此項目可不必確認。

4-2-8-8

針對沒有達成品質目標的產品是否有取得修正處置？

註：確認當 OQC 沒有達到其品質目標時，是否有分析原因，及改善對策。

4-2-8-9

待檢區是否定義明確？

註：OQC 成品未檢驗前的暫存放置區域必須有規定範圍，並要明顯的標記，成品放置不可有超出區域的情形。

一般工廠是用黃色或其他顏色的膠帶貼在地上圍出一個區域，但是時間一久了膠帶會破損就必須更換，所以如果區域是固定不會變更的話，永久的方式用油漆塗畫的方式也可，但不可用紅色系列，因爲紅色是代表不良品的區域。

4-2-8-10

合格區與不合格區是否定義及標示明確？

註：合格區與不合格區也必須明確定義及標記，並擺放確實

不可有良品與不良品混淆之可能發生。

不良的成品除了規定放在不合格區以外，其不良品的包裝也必須被 OQC 貼上檢驗不合格標示，例如蓋紅色的不合格章和貼上紅色的不良標籤，標籤上也必須記載不良現象。

4-2-8-11

確認檢驗報告是否記錄填寫落實？

註：現場抽閱前一周或前幾周以歸檔的 OQC 檢驗報告，確認其檢驗報告是否有每個欄位填寫落實，及擔當者和主管審核者都必須要簽名。

字形必須是可以被容易識別出來，如有塗改也必須簽名或蓋章。

4-2-8-12

確認檢驗 SIP 歸檔及查找是否容易及快速？

註：在 OQC 現場隨機抽 3 個成品料號，然後交由 OQC 檢驗員找出相對應的 OQC SIP，確認當檢驗員在查找 SIP 時是否

容易？方便？所花費的時間是否適當？

4-2-8-13

確認檢驗報告查詢是否容易及快速？

註：同 4-2-8-11 動作，確認查找資料所花費時間是否適當？

4-2-8-14

確認檢驗記錄是否有依 ISO 文件保存期限規定實施？

註：如果 ISO 文件中規定必須保存 3 年的話，就必須調閱 2 年前的資料是否還保存著？

4-2-8-15

檢驗設備或儀器是否有作日常點檢？確保測試產品時是功能正常。

註：此檢驗設備和治工具是用來執行產品出貨檢驗的，故其功能正常與否會影響對產品 OK 和 NG 的判斷，所以是非常重要一環，所以其檢驗設備必須至少每日使用前做一次確認其檢測功能是否正常。以免發生因爲檢測設備失

常而導致客訴或市場品質不良發生。

4-2-9 倉庫監察要領

4-2-9-1

必須有先進先出管理，需確認倉庫中是否還有舊物料沒在使用但現狀已經陸續在使用新進物料。

註：倉庫必須對於物料或零件的保存及輸出執行先進先出的管理，因爲如果不做先進先出的管理的話，如之前有提過任何物料零件因爲保存環境及時間的變化，都會有保存有效期，過了此保存有效期就可能產生變質而影響品質，所以倉庫作業員必須將先入倉庫的物料零件在供應生產需求時先輸出給生產使用，故倉庫爲了達到此管理目的，必須有一套管理程序來管理。

一般先進先出的管理手法是依照不同時間入倉的材料貼上不同的顏色標籤和擺放不同倉位來管理，讓倉庫管理人員一眼看到標籤時就知道那些物料要先輸出，以顏色來管理是一般我常遇到的，有分兩種，一種是一年分 12

種顏色的標籤每個月一種顏色，另一種是一年分 4 種顏色標籤，一季一種顏色。當然有的生產工廠是電子倉儲位管理的話，管理就更精準了。

4-2-9-2

對於電子部品或溫溼度敏感零件是否有被存放在溫溼度管制的地方？

註：如果入料電子部品或溫溼度敏感零件的話，一般工廠都必須設置一個獨立的電子倉庫，而此電子倉庫必須有空調及溫溼度管控，以免零件或物料變質。

4-2-9-3

確認溫溼度管制標準制定是否合理？合乎規格？

註：一般合理的溫溼度管理規格，25±3℃/50%～70% 。

4-2-9-4

確認溫溼度記錄表記錄是否落實？ 是否符合實際溫濕度？

註：倉庫人員對於需要溫溼度管理的空間，必須依照規定執行溫溼度確認及記錄並確認溫溼度是否有超出規定範圍？

4-2-9-5

確認環境溫溼度超出規定後如何處理？ 是否落實？

註：如倉庫需要溫溼度管理的空間其溫溼度有超出規定範圍時必須依照異常處理規定處理。

4-2-9-6

確認每樣物料是否皆有標示清楚？（料號/品名）？

註：在倉庫中每個物料不論是散料或是有包裝的料都必須有標示可識別其爲甚麼物料及數量，以免發生混淆及混料之情形。

4-2-9-7

確認每樣物料是否皆有物料卡，記錄物料每次之領取數量及剩餘數量？

註：一般倉庫對於數量管理的做法是會在每種物料上擺放一張物料卡，而此物料卡上必須記錄著物料每次被取用的數量及剩下的數量，便於倉庫人員可在現場直接從物料卡上的記錄就可知道目前物料的剩餘數量，且當物料在現場被領走時倉管人員就可以直接在物料卡上登記數量，當然後續還是要將其輸入電腦系統中，但如果萬一忘記輸入電腦時，屆時還有物料卡可以查詢確認後再補輸入電腦，可以預防萬一。

但是倉庫如果是用電腦自動 barcode 系統在管理的話，可能就可免除物料卡的必要性。

4-2-9-8

抽樣 5 種物料之物料卡確認電腦帳是否符合？

註：在倉庫現場隨意抽閱 5 張物料卡先確認物料卡上記錄的剩餘數是否符合現有物料數？如果符合再與電腦帳比對是否符合？

4-2-9-9

針對靜電敏感零件（電子料），有無實施靜電防護？及管理方式是否落實？

註：一般對靜電敏感的物料是電子料，所以之前提到的電子倉中的物料置放架都必須架設靜電接地線，當倉管員在拿取電子部品時必須先配戴靜電環並夾於靜電接地線後，才能拿取電子物料。

4-2-9-10

確認物料不可被日光直接照射。

註：有些的物料被日光直接照射的話會容易變質，須注意！

4-2-9-11

確認倉庫限高規定是否合理？及物料堆疊層數合理？（如料箱已負荷過重變形或棧板破裂）

註：倉庫是堆放物料的場所，所以堆放的高度要以人員拿取操作容易爲原則，也必須以安全爲原則。

例如：物料堆高時沒有考慮到包裝箱的強度，而堆的過高過重導致包裝箱變形，經時間一久後可能會產生倒塌而壓到作業人員而導致受傷，這就太危險了。

4-2-9-12

確認物料放置是否都在規定區域內？

註：一般倉庫的物料放置區域都會有標示線，原則上是不可超出標示線外。

4-2-9-13

確認物料是否有被放置規定物料箱中或盒中？

註：常遇到整箱物料拆包取用後還有剩餘物料未取用完，而這些剩餘料因爲原包裝被取走而沒有一個良好的放置箱或盒子可放，直接曝露在倉庫的環境中沒有被包裝材料所保護著，容易發生變質及損傷是不可允許的。

4-2-9-14

是否有物料保存期限規定？是否有按規定實施？

註：在倉庫的管理辦法中都有規定各種物料的保存期限，而倉庫也必須對已經超出保存期限的物料進行列表管理並進行處置，故必須確認有按照規定執行否？

4-2-9-15

不良品倉的物料是否有在規定期限處理？是否有完全與良品物料隔離？是否有識別明確？

註：不良品倉的物料正常來說應該要盡快退廠商分析原因及對策，所以不應該放置太久，且其不良品倉的場所也必須是一個獨立空間，不可有與良品混淆之可能性存在。

4-2-9-16

報廢倉區域是否有被明確區分？報廢物品是否有按照規定標示？報廢動作是否有按規定處理？

註：一般在有關倉庫的 ISO 管理辦法中一定會有規定到當有物料或部品報廢時的一些相關處理規定，所以可以依其報廢的相關規定步驟及程序確認倉庫人員是否有依照規定辦法執行物料或部品報廢。

4-2-10 包裝作業監察要領

4-2-10-1

確認包裝作業規範是否與作業現狀一致？

註：確認包裝作業員是否有依照包裝作業 SOP 規定作業。

4-2-10-2

確認包裝設備及治工具是否被妥善使用？

註：確認包裝作業員是否知道作業規定使用？使用動作是否太粗魯有造成產品損傷之可能？或是過度使用易造成設備工具損壞？

4-2-10-3

確認是否會有漏裝附件的可能發生？

註：只要是單純靠人作業的話，就一定可能產生疏失或遺漏，所以如果在包裝產品時除了產品本身以外還有其他附件時，就必須要有配套管理避免附件遺漏，而其管理的方式是否有存在的風險必須確認。

某些生產工廠會用 barcode 掃描的方式管理，也是風險最低的。

4-2-10-4

確認包裝作業過程中是否會發生對產品造成損害或污染之可能？

註：一般包裝的確認事項比較明確。

但有些較精密的製程像是無塵室類的，其電子零件的封裝必須有環境嚴格管制才能夠確保封裝時沒有異物進入，所以無塵室的定期管理及量測，及作業人員的人體觸摸隔離..等，都必須要被確認是 OK 沒有疑慮的。

4-2-10-5

確認包裝完後之堆疊是否符合規定？

註：可依照包裝 SOP 上的堆疊規定確認是否符合規定，或是依照倉庫的成品儲放規定確認堆疊是否符合規定，以免有不符合規定發生造成產品品質疑慮。

4-2-10-6

確認包裝後運送入倉庫過程中是否確保不會造成產品損壞之可能？

註：必須確認運送人員的動作適當否？運送的工具及路線也是必須確認是否順暢？空間足夠？運送中是否可能造成產品掉落？

4-2-10-7

確認成品倉成品堆疊紙箱是否變形？

註：正常是不會發生變形，如有變形發生的話很可能是物料問題或是不當堆放所致。

4-2-10-8

確認成品倉的棧板打包狀況是否牢固？ 是否有破損情形發生？

註：有時候在運輸過程中堆高機操作不當時常會造成棧板破損或成品外包裝箱損傷或是打包束帶斷裂..等情形發生。

4-2-10-9

確認成品倉的堆高機搬運成品操作是否符合規定？ 是否有造成產品損壞或摔落之可能？

註：確認觀察其堆高機的操作人員駕駛時的速度是否適當？轉彎或上升下降過快之情形？及是否注意周遭人事物的變動，以免受傷發生。

4-2-11 設備/儀器管理監察要領

4-2-11-1

確認設備/儀器必需有維修保養作業規定。

註：生產工廠都會制訂設備儀器管理辦法，其辦法中就會規定包含各種設備儀器的維修及保養方法。

4-2-11-2

確認設備/儀器必需有維修保養卡，並且須按照規定實施保養。

註：在現場（IQC&OQC&生產線..等）可抽樣幾台設備/儀器必須有維修保養記錄卡，並且必須確認保養卡上的記錄是否皆有按照規定執行。如有維修記錄的話，請確認期維修頻率是否太高？維修率太高原因爲何？還有當時設備故障時，生產線的產品是如何處理？處理是否恰當？有沒有品質影響？

4-2-11-3

確認設備保養卡是否有依實際保養狀況落實記錄？

註：保養卡上的項目必須落實記錄，常有遇到該是週保養項目卻記錄到月保養項目，或是保養項目遺漏記錄……等問題。

4-2-11-4

設備保養卡上的擔當及確認者是否有落實簽名？

註：此爲ISO規定凡表單必須塡寫落實。

4-2-11-5

確認設備現況是否有被確實保養過？

註：依我的稽核經驗常有稽核到看到的儀器設備實際上並沒有保養或是保養不確實，但是保養卡上確有保養記錄，此情形必須注意。

4-2-11-6

確認必須有儀器校驗作業規範文件。

註：如果工廠自己有儀校單位定期對儀器設備進行校驗動作的話，對於其每種儀器設備必須各有一份獨立的儀校作業標準書（SOP）。

相對的如果儀器設備都是委託外部公證單位來進行儀校的話，工廠就不須製作儀校作業標準書。

4-2-11-7

儀器上必須貼有校驗標籤 。

註：已經被校驗過的儀器設備上每台皆必須貼有校驗標籤，校驗標籤上必須有記載校驗日期及下次校驗日期。校驗

標籤不可破損致無法識別出記載內容。

4-2-11-8

確認校驗標籤上的期限日期是否已經過期?

註:確認校驗標籤上的下次校驗日期是否已經超過目前日期,如超過的話代表已過期沒校驗,沒有重新校驗前儀器設備不可使用。

另外校驗標籤上所記載的有效期限也必須確認是否有依規定執行,例如標籤上記載是 1 年有效期,必須再查詢 ISO 文件規定是否也是規定 1 年?

4-2-11-9

抽樣數台儀器設備調閱確認儀校報告是否正常?

註:因爲儀器設備只要有效驗過,不管內校或外校都會有儀校報告,所以可以現場隨機抽樣幾台儀器設備後調閱其校驗報告確認是否眞有依規定執行校驗?

4-2-11-10

確認免校儀器也必須貼免校標籤。

註：依一般 ISO 規定即使是免校驗的儀器設備也是必須貼上免校驗標籤，以做識別管理。

4-2-11-11

確認故障無法使用的儀器設備必須放標示牌或是收藏起來。

註：對於現場故障的儀器設備也必須貼故障警示標識，以免被誤用而造成產品品質不良。

4-2-11-12

確認設備儀器必須有日常點檢表，並落實點檢記錄。

註：所有的儀器設備都必須做日常點檢（日常檢查），以確認設備儀器於使用前是正常功能，並將點檢（檢查）結果記錄於記錄表單上，並佩掛於儀器設備旁，以利隨時可確認。

4-2-11-13

確認治工具必須有日常點檢表並落實實施記錄。

註：治工具也必須同上所述進行每日使用前檢查。

4-2-11-14

現場抽樣數台治工具實施點檢確認是否符合記錄現況？（如電動起子…….等）

註：對於治工具也實施抽樣幾台確認是否有落實執行日常點檢及記錄？

4-2-11-15

確認治工具損壞時如何應變？

註：當發生治工具損壞時是否有預備治工具可用？或是因維修簡單可快速維修？對生產影響大嗎？

4-2-12 廠商的外包廠管理監察要領（如果供應商沒有發外包商的話，此項目可忽略）

4-2-12-1

確認廠商是否有外包廠管理作業規定文件？

註：供應商如果本身還有將產品再外包給其他廠商生產的話，因為其供應商對其外包廠的管理好壞，也會影響到供應商產品的品質，也就會影響到我們工廠的生產品質，所以必須確認供應商對其外包廠是否有進行管理，並且必須有一個針對外包廠管理的作業規範遵循。外包廠的管理大概規定內容例如定期稽核頻率，稽核改善，品質異常處理流程，定期品質會議，品質報告提供…….相關品質管理流程及規定。

4-2-12-2

廠商是否規定廠商/外包商的評鑑方法？是否落實？抽樣其評鑑報告確認其內容。

註：一般工廠對於新廠商的選擇都會制訂一套評鑑辦法及標

準來判定新廠商的優劣，進而選擇其所需之廠商，所以必須確認工廠的新廠商評鑑標準符不符合我司的要求水準？並且抽閱幾份之前的廠商評鑑報告書確認其內容是否有按照廠商評鑑辦法及標準執行？

4-2-12-3

確認廠商是否有對外包廠稽核計畫？確認稽核記錄。

註：廠商對外包廠管理必須擬定年度稽核計畫，依計畫執行並產出外包廠稽核報告及稽核缺失預防改善對策報告……等資料。

4-2-12-4

廠商是否定期有對於外包廠的入料品質統計及評比？

註：對於外包廠的產品經由工廠 IQC 檢驗及生產投入所發生的外包廠品質問題，必須彙整統計後並評比其品質水準等級。

4-2-12-5

廠商針對品質較差的外包廠的處置方式爲何？是否有利日後品質改善？

註：對於品質水準平等差的廠商應該必須對其有具體措施處置，例如要求改善報告，邀請外包商最高管理代表進行檢討或是其他可以要求外包商品質提升的作法。（以示警告的意味）

4-2-12-6

確認廠商是否有定期與外包廠檢討品質會議？

註：確認其品質會議記錄即可知道是否落實執行。

4-2-12-7

廠商外包廠的品質異常事件是否都有被管理追蹤解決？

註：也必須抽閱確認即使已經結案的品質異常問題，確認外包商的異常分析回覆報告內容是否有敷衍之處，供應商品保部門確認外包商報告是否不夠嚴謹？

4-2-12-8

廠商對外包廠是否有設變管理規定？

註：當供應商發生設計變更時其外包商如何配合執行？其流程及規定及辦法爲何？流程執行中是否有疏失遺漏的風險？

4-2-12-9

廠商對外包廠是否有 RoHS 管理規定？

註：確認廠商是否有對外包商進行 RoHS 管理，並按照規定辦法實施，還有其 RoHS 的管理標準是否符合我司的要求？

例如：外包廠產品出貨必須有 RoHS 標示，必須定期做材料零件 RoHS 檢測，及對外包廠的 RoHS 管理稽核……等。

4-2-12-10

廠商對外包廠是否有 4M 管理規定？

註：所謂 4M 是指人（Man），機器設備（Machine），材料（Material），方法（Method）一般是會規定當外包廠的

這 4 項生產要素變更前必須知會客户同意後，始可變更，因爲此四項的生產要素變更時對產品品質的影響是有一定的風險，如果廠商隨意變更都沒有通知的話，那導入新廠商之初所進行的廠商評鑑就沒有意義了，因爲就是對評鑑廠商的生產環境及制度……等當時的條件是認可的，所以才會評鑑合格，如果後續不繼續做管制的話，當初評鑑廠商合格的條件就會變質而導致品質問題發生。

4-2-13 品質異常管理監察要領

4-2-13-1

品保單位是否有掌握到全公司的品質狀況？確認品質報告中是否有含生產品質，IQC，OQC，市場客訴？

註：確認工廠品保單位日常對於從材料到成品品質及市場客訴品質問題是否都有列入追蹤管理進度？品保擔當人員對於目前Top品質問題是否都了解？

4-2-13-3

工廠內品質異常問題是否都有品保專人管理及追蹤？

註：確認工廠內所有關的品質問題案件包含從進料問題，生產問題，出貨問題..等，是否都有品保人員列案管理，並持續追蹤至結案爲止。

4-2-13-4

確認廠商是否有限期內回覆異常改善對策及 8D REPORT？

註：確認所有發出要求責任單位或廠商須回覆的品質異常改善報告，是否皆有依照要求規定的期限回覆？如有沒有依照期限回覆時如何處理？對責任單位或廠商是否有約束能力？

4-2-13-5

對於市場客訴管理是否落實？

註：確認當市場不良或客訴發生開始，是否有依照規定在期限內回覆客户報告？客户品質問題是否在對策後還是重

複發生？

4-2-13-6

客戶滿意度調查？

註：是否有依照規定定期實施客戶滿意度調查？如果客戶回覆分數不合格時如何處置？是否有依照規定？

4-2-14 6S監察要領

4-2-14-1

整理：在監察現場過程中，同時也注意作業現場是否有明確區分物品用途，清除不須用到的物品？

註：在作業員的工位上是否有放置不會使用到的多餘物品，或是使用率不高的物品。

4-2-14-2

整頓：在監察現場過程中，同時也注意作業現場是否有將現場必需物品明確定義位置及按規定擺放或堆疊，並可方便取用？

註：在整個生產現場或是倉庫或是檢驗品管，所有的物料或文件或物品……等是否皆有規定擺放位置及方式。(生產現場推行5S OK後，可再接續推行至辦公室區域)

4-2-14-3

清潔：在監察現場過程中，同時也注意作業現場所產出的垃圾及髒污是否有被定時清除乾淨？

註：工廠所產出的垃圾是否都有被規定定時清除及垃圾丟棄位置，以不致於垃圾桶溢滿，地上不可有垃圾並落實執行。

4-2-14-4

清掃：在監察現場過程中，同時也注意作業現場所有的設備儀器及治工具是否有被定期校驗，保養，點檢預防故障發生？

註：所有的儀器設備及治工具及現場環境是否規定定期保養點檢及打掃，讓作業現場生產順暢及環境舒適。

4-2-14-5

修養：在監察現場過程中，同時也注意作業員服裝儀容是否按照公司規定穿著，是否有聊天，玩手機， 吃東西，嬉戲……等違反作業規定之情形發生。

4-2-14-6

安全：確認員工的作業環境是否有安全的疑慮？

註：設備及工具操作使用的注意事項，及有機溶劑標示，倉庫物料放置及搬運注意，及電器插座不同電壓辨識，防火設備維護……等。

4-2-15

監察報告整理要領

4-2-15-1

先將所有監察的問題點彙整後輸入缺點 list 中。(監察日期，缺點項目敘述，或是貼入缺點示意圖，並需區分出來建議事項和缺點事項)

註：監察問題點的敘述必須明確清楚，因爲必須考慮到此監察問題點有可能會經過工廠幹部轉手至當時不在現場的責任者填寫問題的原因及對策時，如果填寫者對監察問題點產生誤解，回覆的原因和對策就會不正確，所以監察者在報告中最好能夠對問題發生的時間地點詳述，並最好再加上照片或圖示。

4-2-15-2

建議事項是否改善由廠商決定，缺點事項勢必要改善。

註：此規則可在 close meeting 時當面告知相關對策責任者。

4-2-15-3 依據缺點項目判定稽核表中每個項目的得分點，並統計總得分數。

註：一般得分的標準種類可分爲：一，4 分是有完全按照規定落實實施。二，3 分是有按照規定但執行尚可。三，2 分是有按照規定但執行不佳，需改善。四，1 分是完全沒有按照規定執行極差。五，0 分是完全沒有規定。(沒有規定又可分兩種：一是因爲產業別的關係不需要規定時，

此項目可不計分。二是該規定而沒有規定增加品質風險，則計分爲零）此計分標準可當參考，每家工廠規定可能不一樣，只要能達到客觀的計分評等即可。

4-2-15-4

填寫封面，及稽核總結. 所謂稽核總結是稽核者對此次稽核結果的感想，要表
達讓受稽者了解的內容。(可誇獎，可指責，可警告)

註：我想監察者是以一個輔導者的角色做監察稽核，故在總結時最好能夠完全表達對於受稽者的感受，不應該是只有只會讓人氣餒的負面批評，每個工廠及製程都有優點和缺點，雖然缺點是需要改善，但是優點也是需要被鼓勵或誇讚，才能取得平衡，讓受稽者較能接受，對於監察者與受稽者之間的關係也較能形成良好的互動，並有助於達到雙贏的局面。

4-2-15-5

監察報告完成後先不傳出，等 close meeting 上提出

問題經論雙方討論認同後，以免雙方對監察問題點認知不同產生誤解， 所以在尚未在 close meeting 上雙方溝通前，切勿傳出。

註：通常當監察者在執行現場監察時，常常擔當者因事不在現場，而是其幹部或是代理人出來對應，但是對其監察者所提出的問題不是很了解其制度其運作，所以回覆時常會被稽核者記缺點事項，故爲了避免雙方對於問題點的誤解，所以必須還要一個 close meeting 由監察者一一說明其監察問題點與各相關責任者逐一確認，如有誤解部分可當場藉由溝通討論達到共識修改監察問題，經 Close Meeting 後的監察問題點版本再發出給相關責任單位會比較沒有爭議。

4-2-16 監察 Close meeting 召開要領

4-2-16-1

至少必須邀請到品質最高主管，及 QA 和生產部和工程部的主管一定要參加。

註：因為監察問題點最終還是必須要求相關責任單位分析及對策，所以必須透過工廠或廠商 TOP 長官來要求比較能達到目的，所以一般來說會有總經理或副總經理出會議是最好，也代表至少還注重監察問題點，或是至少也要品保部最高主管出席。各相關單位的一級主管也必須參加才能於會後針對各相關單位的監察問題點各自展開對應。

4-2-16-2

依照彙整好的報告，在會議上將缺點詳細說明給相關單位確認。

註：詳細逐一地說明缺點事項給各相關責任單位了解，並向其責任單位一一確認確實認同缺點事項描述。

4-2-16-3

在缺點的說明過程當中如有人提出不符時，可當場再溝通確認清楚後，立即修正。

註：於溝通時必須確實傾聽受稽者所表達的是否與監察者當

時於現場所看到的問題點符合，並判定是誤解與否？如有誤解時可請受稽者提出物證或事證說明清楚。不必引起爭吵！

4-2-16-4

在說明缺點時必須要詳細說明發生的人事地物及照片以讓責任單位清楚。

註：監察報告中最好有佐附詳細資料。

4-2-16-5

在會議過程中除了說明缺點事項外，也必須說明發現優點事項，以求平衡。

註：同 4-2-15-4

4-2-16-6

最後在會議中說明清楚要求改善回覆日期，並在會議後將監察報告發給受稽核單位。

註：會議最終不要忘了對策改善報告的要求期限，並且一般

在 close meeting 後 48 小時內將最終版監察報告發出給相關責任單位爲佳。

4-2-17 監察問題點之改善對策確認及追蹤要領

4-2-17-1

接收到廠商回覆改善對策報告後，確認其原因及對策內容是否相符？

註：確認廠商回覆的報告內容時，先確認廠商所回覆的方向是否與當初監察問題點要求的符合。因爲有時候後會有廠商對當時的問題誤解導致回覆與問題主題不符。

4-2-17-2

先從報告中確認廠商的對策是否可行及有效的？

註：要確認出廠商報告中的對策是否爲可行或有效的話，可能就需要一些基本功力的累積才行，在此我無法說得太詳細，只能針對幾個報告的確認原則做說明。

一、對策不能只有寫對甚麼更換或是維修..等，不能算是對策。

二、對策只寫加強甚麼教育訓練，或加強宣導，或是加強檢驗……等的，一定也是無效，必須寫出實際寫出如何加強的方式及詳細步驟，規定，作法等，才有可能對策有效。

三、對策只針對單一問題點執行的話，其對策效果也可能有限，及後續可能再復發，必須水平展開導入至制度面去管理，有效性才會高。

四、對策的原因必須是眞正原因（根因）才能有效解決，如果對策的只是對其表面的原因的話，就代表沒有對症下藥，沒有找到眞正原因，那麼後續就有可能不良會再復發。

4-2-17-3

確認對策是否有水平展開？

註：同上述，凡對策必須水平展開才有預防之效。

4-2-17-4

確認是否有填入對策導入日期？

註：必須要有對策導入日期，才能確認後續時間的改善效果。

4-2-17-5

確認是否有提供改善前&後的照片？

註：有改善前後的照片或數據才能夠佐證出其改善前後的差異。

4-2-17-6

確認是否有附上改善後的 SOP/SIP/其他 ISO 文件？

註：例如有變更生產作業程序的話就會相應產生修改版的 SOP 文件，或是變更檢驗標準或程序的話，也會相應產生修改版的 SIP，或是變更其他的作業程序或規定都會產生修改版的 ISO 文件或表單，這些修改後的文件，皆必須提供正式版，以佐證確實有導入對策並執行中。

4-2-17-7

報告文件如確認有任何問題時則再要求受稽單位修正至正確爲止。

註：凡有問題就必須要求至改善正確爲止，這是身爲品保的基本態度。

4-2-17-8

報告文件都確認 OK 後，接下來必須再安排現場一一複核 OK 後才可結案。

註：爲了避免廠商或工廠回覆的與實際執行的不一致，必須再安排一次現場一一確認每個對策都有依照回覆的落實執行，對於自己的工廠及距離不遠的廠商可以很快安排現場確認，如果是距離比較遠的廠商則以資料確認。

4-2-17-9

後續則進行不定期的監察追蹤。

註：工廠及重點廠商的監察，不管是資料監察或是現場監察皆要持續進行，拉緊轡繩，持之以恆不可鬆懈，工廠及

廠商才能夠因此嚴以面對自己的品質改善，與工廠及廠商的合作默契都是靠一點一滴累積而來的，維持良好的互動關係以建立創造雙贏的局面。

◆切記！ 每次監察時都必須確認之前的問題是否有再重複發生，也要避免重複發生，否則新問題點不斷，舊問題點又重複發生，反而問題越來越多，所以問題的改善實施確認一定要穩紮穩打的落實。

5.附件

此些附件可上我的 FB 索取，我將會快速提供。如果還有其他品保相關資料需求的話，也可以上我的 FB 問看看，如果我有的會盡量提供給你。

1. 8D FORM 中文範例（Word file）
2. 8D REPORT 中文範例（Excel file）
3. 8D REPORT FORM 範例（Power point file）
4. PCBA audit form 範例（Excel file）
5. QPA checklist for PCB process 範例（Excel file）
6. RoHS audit form 範例（Excel file）
7. 一般廠商及工廠製程稽核查檢表範例（Excel file）
8. 5S 目視化推進計畫範例（Excel file）
9. 客戶滿意度問卷範例（Excel file）

10. 要因分析圖應用範例（Excel file）
11. 時間管理簡報（Power point file）
12. 報表製作方式簡報（Power point file）

5-1 品質專業術語

英文簡稱	中譯	英文全稱
σ , s	標準差	Standard deviation
σ 2, S2	變異數	Variance
6 σ	六個希格瑪	Six Sigma
7QCTools	品管七大手法	7 Quality Control Tools
A		
ABC	作業制成本制度	Activity-Based Costing
ACC	允收	Accept
AFR	年度不良率	Annual Failure Rate
Allowance	允差	
ANOVA	變異數分析	Analysis of Variance
ANSI	美國國家標準學會	American National Standards Institute
AOD	特采	Accept On Deviation
AOQ	平均出廠品質	Average Outgoing Quality
AOQL	平均出廠品質界限	Average Outgoing Quality Level
AQL	允收品質水準	Acceptable Quality Level
Appraisal Cost	鑑定成本	
ASQC	美國品質管制協會	American Society for Quality Control
Assembly	裝配(組立)	
Attribute	計數值	
AVL	合格供應商 LIST	Accept Vendor List

英文簡稱	中譯	英文全稱
B		
Brainstorming	腦力激盪法	
Break-Even Point	損益平衡點	
BTF	計劃生產	Build To Forecast
BTO	訂單生產	Build To Order
C		
Ca	製程準確度	Capability of accuracy
Cause	原因	
Characteristics	品質特性	
CIP Model	持續改進模式	Continues Improvement Process Model
Column/Row	行／列	
Component	組件	
Confidence interval	信賴區間	
Confirmation	確認	
Conformation	一致	
Control chart	管制圖	
Corrective action	矯正措施	
Cp	製程精準度	Capability of precision
Cpk	製程能力參數	
CPM	要徑法	Critical Path Method
CPM	每百萬使用者會有幾次抱怨	Complaint per Million
CQE	品質工程師	Certified Quality Engineer
CQT	品質技術師	Certified Quality Technician
CR	極嚴重的	Critical
CRE	可靠度工程師	Certified Reliability Engineer

英文簡稱	中譯	英文全稱
CRM	客戶關係管理	Customer Relationship Management
CRP	產能需求規劃	Capacity Requirements Planning
CS	顧客滿意度	Customer Satisfaction
CTN	紙箱	Carton
CTO	客製化生產	Configuration To Order
CTQ	品質關鍵	Critical to quality
D		
D/C	生產日期碼	Date Code
DCC	資料管制中心	Document Control Center
Definitions	定義	
DFM	製造設計	Design For Manufacturing
DIP	手插件(雙排標準封裝)	Dual in-line package
Dis-Assembly	拆裝	
DPMO	每百萬個機會的缺點數	Defects per million opportunities
DPM	每百萬單位的缺點數	Defects per million
DPU	單位缺點數	Defects per unit
DFMEA	設計潛在失效模式及效果分析	Design potential failure model and effect
DFSS	六個希格瑪設計	Design for six sigma
DOE	實驗設計	Design of experiment
Dummy	虛擬(假水準)	
DVT	設計驗證	Design Verification Testing
DSS	決策支援系統	

英文簡稱	中譯	英文全稱
E		
EC	工程變更	Engineer Change Decision Support System
EC	電子商務	Electronic Commerce
Effect	效果	
Effectiveness	有效性	
Efficiency	效率	
Evaluation	評價	
Existing	現行	
EMC	電磁相容	Electric Magnetic Capability
EMI	電磁干擾	Electromagnetic Interference
EMS	電子專業製造服務	Electronic Manufacturing Services
EMS	電磁耐受性	Electromagnetic Susceptibility
EOQ	基本經濟訂購量	Economic Order Quantity
ERP	企業資源規劃	Enterprise Resource Planning
F		
FAA	首件確認	First Article Assurance
Factor	因素	
FAI	新品首件檢查	First Article Inspection
Flowchart	流程圖	
FMEA	失效模	Failure Model Effectiveness Analysis
FMS	彈性製造系統	Flexible Manufacture System

英文簡稱	中譯	英文全稱
FQC	最終產品品質管控	Final 或 Finished good Quality Control
FPY	直通率	First Pass Yield
FR	不良率	Failure Rate
	G	
Gain	增益	
Gantt Chart	甘特圖表	
Goal	目標	
Guideline	指導綱要	
	H	
Histogram	直方圖	
Hypothesis testing	假設檢定	
	I	
ID/C	識別碼	Identification Code
IE	工業工程	Industrial Engineering
IPQC	製程品質管制	In-Process Quality Control
IQC	進料品質管制	Incoming Quality Control
ISO	國際標準組織	International Organization for Standardization
ISAR	首批樣品認可	Initial Sample Approval Request
	J	
JIT	即時管理	Just In Time
	K	
KM	知識管理	Knowledge Management
KPI	關鍵績效指標	Key Performance Indicators
	L	
LAB	實驗室	Laboratory

英文簡稱	中譯	英文全稱
LCL	管制下限	Lower control Limit
Lead time	前置時間	
Level	水準	
Limit	界限	
Linear	線性	
L/N	批號	Lot Number
LPCL	前置管制下限	Lower Per-control Limit
LSL	規格下限	Lower Specificati on Limi t
M		
MAJ	主要的	Major
MC	物料控制	Material Control
Measurement	量測	
MES	製造執行系統	Manufacturing Execution System
MILD STD 105E	抽樣計畫	
MIN	輕微的	Minor
MO	製令／工單	Manufacture Order
MPS	主生產排程	Master Production Schedule
MRO	維護，維修，運行管理	Maintenance Repair Operation
MRP	物料需求規劃	Material Requirement Planning
MRPII	製造資源計劃	Manufacturing Resource Planning
MTBF	平均失效間隔時間	Mean Time Between Failures

英文簡稱	中譯	英文全稱
N		
NFCF	更改預估量的通知	Notice for Changing Forecast
Noise	雜音	
Normal distribution	常態分配	
O		
ODM	委託設計與製造	Original Design & Manufacture
OEM	委託代工	Original Equipment Manufacture
Off-Line QC	線外品管	
On-Line QC	線上品管	
OPT	最佳生產技術	Optimized Production Technology
Optimize	最佳化	
OQA	出貨品質保證	Out-going Quality Assurance
OQC	出貨品質管制	Out-going Quality Control
P		
PAL	棧板	Pallet
Pareto diagram	柏拉圖	
Parts	元件	
PCC	生產管制中心	Product Control Center
PCL	前置管制中心限	Per-control Central Limit
PCs	個（根，塊等）	Pieces
PD	生產部	Product Department
PDCA	品質管理循環	Plan-Do-Check-Action
PMC	生產和物料控制	Production & Material Control

英文簡稱	中譯	英文全稱
P/N	料號	Part Number
PPC	生產計劃控制	Production Plan Control
PPM	百萬分之一	Percent Per Million
PRS	雙（對等）	Pairs
PO	訂單	Purchase Order
Policy	政策	
PQC	段檢人員	Passage Quality Control
Preventive action	預防措施	
Preventive cost	預防成本	
Process capability	製程能力	
Process control	製程管制	
Process improvement	製程改進	
Process Performance	製程績效	
Process review	製程審查	
PIM	過程改進模式	Process-Improvement Models
Project	專案計畫	
Proto-type	原型	
Q		
QA	品質保證	Quality Assurance
QC	品質管制	Quality Control
QCC	品管圈	Quality Control Circle
QE	品質工程	Quality Engineering
QFD	品質機能展開	Quality function deployment
QI	品質改善	Quality Improvement
QIT	品質改善小組	Quality Improvement Team

英文簡稱	中譯	英文全稱
QM	品質管理	Quality Management
QP	目標方針	Quality Policy
Q/R/S	品質／可靠度／服務	Quality/Reliability/Service
Quality losses	品質損失	
R		
Rate of Wear	磨耗率	
R&D	設計開發部	Research & Design
REE	拒收	Reject
Reliability	可靠度	
Repeatability	再現性	
Repetition	重複	
Response	回應	
Rework	重工	
RMA	退貨驗收	Returned Material Approval
RoHS	限制使用某些有害物質指令	Restriction of the use of certain hazardous substances
Root cause	根本原因	
ROP	再訂購點	Re-Order Point
S		
SCM	供應鏈管理	Supply Chain Management
SDCA	標準化,執行,檢討,行動	Standard/Do/Correct/Action
Sensitivity	靈敏度	
SFC	現場控制	Shop Floor Control
Sampling inspection	抽樣檢驗	

英文簡稱	中譯	英文全稱
SIP	標準檢驗程序書	Standard Inspection Procudure
SMT	表面黏著技術(自動打件)	Surface Mount Technology
S/N	序列號碼/流水號碼	Serial number
SO	訂單	Sales Order
SOP	標準操作程序書	Standard Operation Procedure
SOR	特殊訂單需求	Special Order Request
SPC	統計製程管制	Statistical Process Control
Specification	規格	
SQC	統計品管	Statistical Quality Control
SQE	供應商品質工程師	Supplier Quality Engineer
S/S	抽樣檢驗樣本大小	Sample size
SSQA	合格供應商品質評估	Standardized Supplier Quality Audit
Standard deviation	標準差	
Statistical control	統計管制	
Statistical estimation	統計估計	
Supply chain	供應鏈	
SWR	特殊工作需求	Special Work Request
T		
TOC	限制理論	Theory of Constraints
Tolerance	公差（允差）	
TPM	全面生產管理	Total Production Management
TQC	全面品質管制	Total Quality Control

英文簡稱	中譯	英文全稱
TQM	全面品質管理	Total Quality Management
Tree diagram	樹狀圖	
	U	
UCL	管制上限	Upper control Limit
UPCL	前置管制上限	Upper Per-control Limit
USL	規格上限	Upper Specification Limit
	V	
Value Engineering	價值工程	
Variable	變數	
Variation	變異	
VQA	供應商品質保證	Vendor Quality Assurance
	W	
WIP	在製品	Work In Process
	Y	
Yield Rate	直通率	
	Z	
ZD	零缺點	Zero Defect

國家圖書館出版品預行編目資料

工廠品質管理 SOP　實戰！／王祥全著. --初版.--臺中市：白象文化，2016.03
面；　公分
ISBN 978-986-358-305-9（平裝）

1.品質管理 2.生產管理
494.56　　104029315

工廠品質管理SOP　實戰！

作　　者　王祥全
校　　對　王祥全
內頁排版　王祥全
發 行 人　張輝潭
出版發行　白象文化事業有限公司
412台中市大里區科技路1號8樓之2（台中軟體園區）
出版專線：（04）2496-5995　傳真：（04）2496-9901
401台中市東區和平街228巷44號（經銷部）
購書專線：（04）2220-8589　傳真：（04）2220-8505
出版編印　林榮威、陳逸儒、黃麗穎、水邊、陳媁婷、李婕、林金郎
設計創意　張禮南、何佳諠
經紀企劃　張輝潭、徐錦淳、林尉儒、張馨方
經銷推廣　李莉吟、莊博亞、劉育姍、林政泓
行銷宣傳　黃姿虹、沈若瑜
營運管理　曾千熏、羅禎琳
印　　刷　普羅文化股份有限公司
初版一刷　2016 年 3 月
初版七刷　2023 年 11 月
定　　價　300 元